普通高等教育"十二五"规划教材

（高职高专适用）

平法识图与钢筋算量
——03G101—1

主　编　王甘林　张爱云　艾思平

主　审　胡　育

中国水利水电出版社
www.waterpub.com.cn

内 容 提 要

本书系统地介绍了钢筋混凝土结构施工图平面整体表示方法（简称"平法"）的识图方法及钢筋工程量计算的基本原理。根据 03G101—1 的内容，分别对梁、柱、剪力墙的平法识图与钢筋工程量的计算方法作了重点介绍。另外，还对平法钢筋计算软件的应用作了简单介绍，并提供一栋别墅的实际工程计算案例，以及钢筋算量时需要用到的各种基础数据表的附录。

本书文字表达通俗易懂，举例较多，重在对学生动手能力的培养，可作为高职高专院校工程造价专业以及应用性本科院校工程管理专业的平法识图与钢筋工程量计算相关课程的教材，也可作为工程造价与施工相关专业人员的参考用书。

图书在版编目（CIP）数据

平法识图与钢筋算量：03G101-1/王甘林，张爱云，艾思平主编．—北京：中国水利水电出版社，2011.8（2015.1重印）

普通高等教育"十二五"规划教材：高职高专适用
ISBN 978-7-5084-8684-0

Ⅰ．①平… Ⅱ．①王…②张…③艾… Ⅲ．①钢筋混凝土结构-建筑构图-识别-高等职业教育-教材②钢筋混凝土结构-钢筋-计量-高等职业教育-教材 Ⅳ．①TU375

中国版本图书馆 CIP 数据核字（2011）第 167874 号

书　名	普通高等教育"十二五"规划教材（高职高专适用） **平法识图与钢筋算量——03G101—1**
作　者	主编 王甘林 张爱云 艾思平 主审 胡育
出版发行	中国水利水电出版社 （北京市海淀区玉渊潭南路 1 号 D 座　100038） 网址：www.waterpub.com.cn E-mail：sales@waterpub.com.cn 电话：（010）68367658（发行部）
经　售	北京科水图书销售中心（零售） 电话：（010）88383994、63202643、68545874 全国各地新华书店和相关出版物销售网点
排　版	中国水利水电出版社微机排版中心
印　刷	三河市鑫金马印装有限公司
规　格	184mm×260mm　16 开本　12.75 印张　302 千字
版　次	2011 年 8 月第 1 版　2015 年 1 月第 5 次印刷
印　数	13001—16000 册
定　价	**26.00 元**

在现代建筑工程中，钢筋用量大、价格昂贵，在建筑工程预算工作中钢筋工程量计算是否准确，直接影响到工程造价计算的准确性，建设参与各方都非常重视钢筋工程量的计算，据统计，钢筋工程量的计算已经占到整个预算工作量的50％～65％。随着钢筋混凝土结构施工图平面整体表示方法（简称"平法"）的普及，工程造价人员计算钢筋工程量的难度增加，平法识图也成为了工程造价人员的一项必要基本技能，只有在读懂施工图的基础上，才能计算钢筋工程量，从而进一步计算建筑工程的造价。各高等院校也已逐步开始进行平法识图与钢筋工程量计算的教学，并逐步单独开设"平法识图与钢筋算量"相关课程，而教材的建设相对滞后。在水利教育协会每年举办的水利类高职院校职业技能大赛施工图预算项目中，对平法识图与钢筋算量是一项重要的考核内容，在几年的竞赛交流中，各兄弟院校深感"平法识图与钢筋算量"教材建设的必要性和紧迫性，所以我们先行动起来了，多所高校、企业中经验丰富的一线教师和工程师联合编写了本教材，仅作为抛砖引玉，希望广大同行专家共同努力，为我们的建设事业和教育事业作更多的贡献。

本教材主要是依据《混凝土结构施工图平面整体表示方法制图规则和构造详图（现浇混凝土框架、剪力墙、框架—剪力墙、框支剪力墙结构）》（03G101—1标准图集）编写的。在编写过程中，我们强调改变语言表达的方式，不直接采用图集中对设计与施工人员的语气来表达，而是站在一个工程造价人员的角度来表达，让广大工程造价人员更容易理解。为了体现高职特色，更好地培养学生的动手能力和实际操作技能，本教材采用任务驱动方式进行组织内容，分为平法识图与钢筋计算基础知识、梁平法识图与钢筋计算、柱平法识图与钢筋计算、剪力墙平法识图与钢筋计算、钢筋计算软件的应用、完整实际工程示例等6个项目，每个项目又分成若干个任务，在各项目的开头有【学习目标】来明确学习内容，各项目的结尾有【知识拓展】来扩展学生的眼界，另外还提供配套的教学课件、CAD图纸、钢筋算量软件安装文件、视频教程等资源，以便老师教学和读者自学。

参加本书编写的有：黄河水利职业技术学院吴韵侠（项目1），安徽水利水电职业技术学院艾思平（任务2.1），长江工程职业技术学院王甘林（任务2.2和任务2.3），华北水利水电学院水利职业学院蔡小超（任务3.1），平法识图与钢筋算量培训专家彭波（任务3.2、任务3.3），杨凌职业技术学院张小林（任务4.1），山东水利职业学院张爱云（任务4.2、任务4.3），上海鲁班软件有限公司王永刚、赵荣（项目5），中国轻工业武汉设计工程有限责任公司王明（项目6），沈阳农业大学高等职业技术学院陈金良（附录）。全书由王甘林、张爱云、艾思平统稿，由长江工程职业技术学院工程造价教研室主任胡育主审。

本教材在编写过程中，参考了很多专家学者的著作，并参考了全国水利高职院校技能竞赛题库。中国水利水电出版社编辑韩月平、上海神机软件公司总裁张昌平和经理陈刚等给予了很大帮助。长江工程职业技术学院工程造价专业学生黄蓉参与了编辑和画图工作。在此，一并谨向他们表示衷心的感谢。

由于钢筋工程量计算缺少详细的国家统一计算规范，加之作者水平有限，时间仓促，书中难免有不妥之处，敬请读者批评指正。

编者

2011 年 4 月

项目1 平法识图与钢筋计算基础知识

【学习目标】

知识目标：

（1）了解钢筋混凝土结构施工图平面整体表示方法（简称"平法"）的概念以及平法施工图的特点。

（2）了解平法施工图读图的一般原则。

（3）了解钢筋工程量计算的意义。

（4）掌握钢筋的分类以及钢筋工程量计算的一般原则。

能力目标：

（1）具备查找平法相关资料的能力。

（2）具备根据平法图集，看懂简单平法施工图的能力。

（3）能够通过有关途径（如熟人、网络）获得一些实际工程的平法施工图。

素质目标：

（1）能够耐心细致地读懂03G101—1平法图集。

（2）能够通过图书馆、网络等方式查找资料，解决问题。

（3）具备一定的团队合作精神，可以和同学协作完成学习任务。

随着我国经济建设的高速发展，钢筋混凝土结构与设计概念得到不断创新。在钢筋混凝土结构中，钢筋是不可缺少的主要建筑材料，用量大并且价格昂贵。钢筋的加工与成型直接影响到钢筋混凝土结构的强度、工程质量以及施工进度，而钢筋的长度、用量的计算又将直接影响工程造价编制的准确性。

以往，设计人员会直接给出钢筋用量表，预算人员可以直接或者经过适当调整后利用钢筋用量表进行预算，而当目前大部分设计采用混凝土结构施工图平面整体表示方法（简称"平法"）进行设计后，设计图纸中没有了钢筋用量表，所以，能够正确地计算钢筋工程量已成为从事工程造价人员必备的基本技能。

计算钢筋用量是根据设计图纸，结合标准图集，按照一定的方法进行计算。所以，首先必须能够看懂平法施工图。

本教材主要根据03G101—1图集介绍平法的识图方法以及各种构件钢筋长度、钢筋用量的计算方法。

任务1.1 平法基础知识

1.1.1 平法的概念

平法是把结构构件的尺寸和钢筋等，按照平面整体表示方法制图规则，整体直接表达在各类构件的结构平面布置图上，再与标准构造详图相配合，即构成一套完整的结构施工图的方法。它改变了传统的那种将构件从结构平面布置图中索引出来，再逐个绘制配筋详图的繁琐方法，是混凝土结构施工图设计方法的重大改革。这与传统方法相比，可使图纸量减少 65%～80%；若以工程数量计，这相当于使绘图仪的寿命提高三四倍；而设计质量通病也大幅度减少；以往施工中逐层验收梁的钢筋时，需反复查阅大宗图纸，现在只要一张图就包括了一层梁的全部数据，因此大受设计、施工和监理人员的欢迎。正是由于平法设计的图纸拥有这样的特性，因此，在计算钢筋工程量时，首先结合平法的基本原理准确理解数字化、符号化的内容，才能正确地计算钢筋工程量。

传统结构施工图和平法施工图的对比如图 1.1 和图 1.2 所示。

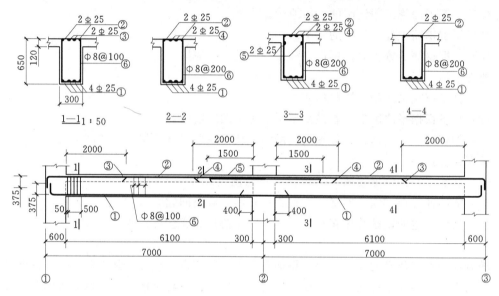

图 1.1　传统梁结构施工图

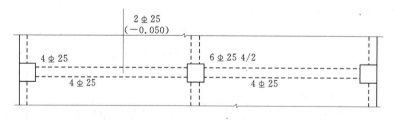

图 1.2　平法梁结构施工图

1.1.2　平法的发展历程与特点

1.1.2.1　传统结构施工图设计的弊端

我国的建筑结构施工图设计经历了三个时期：一是新中国成立至 20 世纪 90 年代末的详图法（又称配筋图）；二是 20 世纪 80 年代初期至 90 年代初在我国东南沿海开放城市应用的梁表法；三是 90 年代至今普及的平法。作为梁表法的配套软件，1986 年开发的结构 CAD 软件即以详图法和梁表法为编制依据。它的出现，从形式上替代了人工制图，对提高我国结构设计效率起到重要作用。然而，随着我国基本建设的飞速发展，传统的结构设计方法在实际运用中的弊病也越来越突出。这表现在如下几个方面。

（1）采用传统方法表示时，结构平面布置图中主要表达"构件的平面定位和平面跨度等几何元素"结构设计无论是创造性设计内容还是重复性设计内容，都要通过几何元素和配筋元素表达。传统结构平面布置图中不包含重复性设计内容，大量重复性的设计内容集中出现在构件详图中，如钢筋在节点内的锚固方式和锚固长度、构件纵向钢筋的连接方式和截断方式、连接位置和截断位置、连接长度及纵向钢筋的设置等。在传统设计中，结构楼层的平面布置图是结构设计的主要图形，设计师为了表达全部的设计意图，需要绘制几张或者几十张的构件详图，形成离散的信息组合。例如，某工程梁结构的平面布置图为主要图形，该布置图上有 30 根框架梁和非框架梁，如果在 1 张图纸上可绘制 3 根梁的配筋构造详图，则需要 10 张关于梁的构造详图，只有这样，11 张图纸才能形成该层有关梁的信息组合。由此可见，传统的设计方法把大量重复的内容与创造性设计内容混到了一起，如在梁的平面图中已标注了梁的跨度和顶面标高，但在量的详图上还要重复标注一次。这些重复不仅大幅度降低了设计效率，而且也加大了出错概率。

（2）建筑结构设计人员的工作量剧增，其中 70％～80％用于画图。计算机的普遍使用，表面上将设计人员从繁重的计算工作中解放出来，但从整体上看，当时全国大多数设计项目仍以人工制图为主；即使利用计算机绘图，由于当时的 CAD 软件依据传统设计方法编写，表达繁琐，图纸量比手工绘制还多，设计成本反而更高。也是因为这个原因，设计中的"错、漏、碰、缺"成为质量通病。

（3）工程项目设计过程中建筑专业经常半路调整和修改平面，结构设计不得不作相应改变，而框架、剪力墙等是竖向表达的，由于专业间的表达不一致，变更设计时牵一发而动全身。如若在紧张状态下出图，往往顾此失彼，形成新的"错、漏、碰、缺"。这与传统设计方法的不科学性有一定关系。由于按传统方法绘制的施工图内容中存在大量的"同值性重复"和"同比值性重复"，使得传统的设计方法效率低，质量难以控制。

1.1.2.2　平面整体设计概述

平面整体设计方法的创始人为陈青来教授。1991 年下半年，陈青来教授经过比对发现，发达国家设计事务所完成的结构图纸通常没有节点构造详图，节点构造详图通常由建筑公司（施工单位）进行二次设计，设计效率高、质量得以保证；有些结构设计甚至只给出配筋面积，具体配筋方式由建筑公司设计，出图效率更快。据此，他认为中国传统的设计方法必须改革。

建筑结构设计中构造做法主要有两大部分，即构件节点构造和构件节点外的杆件构造。这两大部分构造做法不属于设计工程师的创造性设计内容，通常只要直接遵照相关规范的规定和借鉴某些版本的构造设计资料来绘制即可。因此，传统设计中存在的大量重复，且大部分是离散的信息中构造做法的简单重复也就不足为奇了。如果改变传统的"构件标准化"为"构造标准化"，不仅能够大幅度提高标准化率和减少设计工程师的重复性劳动，同时，由于设计图纸中减少了重复，从而相应地会大幅度降低出错概率。这样，既可以大幅度提高设计效率，同时又提高了设计质量。

平法设计的特点就是将结构设计分为创造性设计内容与重复性（非创造性）设计内容两部分，两部分为对应互补关系，合并构成完整的结构设计。设计工程师以数字化、符号化的平面整体设计制图规则完成其创造性设计内容部分；而重复性设计内容部分主要是节点构造和杆件构造以《广义标准化》方式编制成国家建筑标准构造设计。

1.1.2.3 平面整体设计方法发展概况

1995年8月8日，《中国建设报》在头版发表文章：《结构设计的一次飞跃》，正式揭开了平法向全国推广的序幕。1995年7月26日，平法通过了由中华人民共和国建设部（简称"建设部"）组织的科技成果鉴定，认为：平法是结构设计领域的一项有创造性的改革。该方法成倍提高了设计效率，提高了设计质量，大幅度降低了设计成本，达到了优质、高效、低消耗三项指标的要求，值得在全国推广。1996年6月，平法列为建设部1996年科技成果重点推广项目。1996年9月，平法被批准为《国家级科技成果重点推广计划》项目。1996年11月，建设部批准《混凝土结构平面整体表示方法制图规则和构造详图》（现浇混凝土框架、剪力墙、框架—剪力墙、框支剪力墙结构）为国家建筑标准设计图集96G101，在批准之日向全国出版发行。

目前已出版发行的平法标准设计系列国标图集有：

（1）03G101—1：混凝土结构施工图平面整体表示方法制图规则和构造详图（现浇混凝土框架、剪力墙、框架—剪力墙、框支剪力墙结构）。

（2）03G101—2：混凝土结构施工图平面整体表示方法制图规则和构造详图（现浇混凝土板式楼梯）。

（3）04G101—3：混凝土结构施工图平面整体表示方法制图规则和构造详图（伐形基础）。

（4）04G101—4：混凝土结构施工图平面整体表示方法制图规则和构造详图（现浇混凝土楼面与屋面板）。

（5）08G101—5：混凝土结构施工图平面整体表示方法制图规则和构造详图（箱形基础和地下室结构）。

（6）06G101—6：混凝土结构施工图平面整体表示方法制图规则和构造详图（独立基础、条形基础、桩基承台）。

（7）08G101—11：G101系列图集施工常见问题答疑图解。

目前出版的系列与平法图集配套使用的图集有：

（1）06G901—1：混凝土结构施工钢筋排布规则与构造详图（现浇混凝土框架、剪力墙、框架—剪力墙）。此图集是对03G101—1钢筋排布的细化和延伸，配合03G101—1解决施工中的钢筋翻样计算和现场安装绑扎，从而实现设计构造与施工建造的有机结合，为施工人员进行钢筋排布和下料提供技术依据。

（2）09G901—2：混凝土结构施工钢筋排布规则与构造详图（现浇混凝土框架、剪力墙、框架—剪力墙、框支剪力墙）。此图集是对钢筋排布的细化和延伸，配合03G101—1解决施工中的钢筋翻样计算和现场安装绑扎，从而实现设计构造与施工建造的有机结合，为施工人员进行钢筋排布和下料提供技术依据。

（3）09G901—3：混凝土结构施工钢筋排布规则与构造详图（筏形基础、箱形基础、地下室结构、独立基础、条形基础、桩基承台）。此图集是对04G101—3、08G101—5及06G101—6钢筋排布的细化和延伸，配合04G101—3、08G101—5及06G101—6解决施工中的钢筋翻样计算和现场安装绑扎，从而实现设计构造与施工建造的有机结合，为施工人员进行钢筋排布和下料提供技术依据。

（4）09G901—4：混凝土结构施工钢筋排布规则与构造详图（现浇混凝土楼面与屋面板）。此图集是对04G101—4钢筋排布的细化和延伸，配合04G101—4解决施工中的钢筋翻样计算和现场安装绑扎，从而实现设计构造与施工建造的有机结合，为施工人员进行钢筋排布和下料提供技术依据。

（5）09G901—5：混凝土结构施工钢筋排布规则与构造详图（现浇混凝土板式楼梯）。此图集是对03G101—2钢筋排布的细化和延伸，配合03G101—2解决施工中的钢筋翻样计算和现场安装绑扎，从而实现设计构造与施工建造的有机结合，为施工人员进行钢筋排布和下料提供技术依据。

平法创建10多年，平法国家建筑标准设计已形成G101平法标准设计系列。根据不完全统计，目前平法系列国家建筑标准设计的累计发行数量已超过60万册，全国采用平法设计和施工的建筑已达数十万幢，基本构建了独具我国结构标准设计技术特色的平法设计技术板块，并且在工程实践中已经普及。

1.1.3　学习平法的作用

平法设计采用标准化的制图规则，用数字、符号来表达结构施工图，图纸中的信息量高而且信息集中，建筑构件分类明确，构造层次清晰，设计内容表达准确，提高了设计速度和读图速度，效率成倍提高。平法分结构层设计的图纸与水平逐层施工的顺序完全一致，对标准层可实现单张图纸施工，工程技术人员对结构比较容易形成整体概念，有利于专业人员在施工质量、造价编制管理等方面的应用。

平法采用标准化的构造设计，形象、直观，工程图纸容易读懂、易操作。标准构造集中分类归纳后编制成建筑标准设计图集供设计、施工中选用，可避免构造做法反复抄袭以及由此伴生的设计、读图失误，保证节点构造在设计与施工两个方面均达到高质量。

平法大幅度降低设计成本，降低设计消耗，节约自然资源。平法施工图是有序化、定量化的设计图纸，与其配套使用的标准设计图集可以重复使用，与传统方法相比图纸量减少70％以上。这在节约人力资源的同时又节约了自然资源。

平法施工图设计推动了设计和施工的理念，推动了预算方法的改进，虽然平法设计的规律性给从事设计和施工的人员带来了便利，但是也对造价人员增加了识图的难度。

1.1.4　G101平法系列图集简介

平法系列图集中，国家建筑标准设计03G101—1为《混凝土结构施工图的平面整体表示方法和构造详图》（现浇混凝土框架、剪力墙、框架—剪力墙、框支剪力墙结构）部分。平法设计制图规则有选择地对制图标准中的部分元素进行组织化和系统化处理，将这些原本相对独立的制图元素按照特定的功能需要紧密相连、环环相扣、另成体系，为表达一项完整的结构设计提供了明确、简捷、高效的运作规则。

1.1.4.1　平法设计制图规则的适用范围

平法设计制图规则的适用范围可为建筑结构的各种类型。具体包括各类基础结构与地下结构的平法施工图，混凝土结构、钢结构、砌体结构、混合结构的主体结构平法施工图，以及非主体结构的平法施工图等。

平法系列图集主要是混凝土主体结构的制图规则与标准构造规则，具体内容涉及框架结构、剪力墙结构、框剪结构、框支剪力墙结构中的柱、剪力墙、梁构件的平法设计规则与施工构造规则。

1.1.4.2　平法施工图设计文件的构成

按平法设计的结构，施工图设计文件具体包括两部分：

第一部分：平法施工图。平法施工图是在分构件类型绘制的结构平面布置图上，直接按制图规则标注每个构件的几何尺寸和配筋，在平法施工图之前还应有结构设计总说明。此部分即为我们在施工现场，设计单位提供的施工蓝图。

第二部分：标准构造详图。标准构造详图统一提供的是平法施工图中未表达的节点构造和构件本体构造等不需结构设计工程师设计绘制的内容。此部分即为标准图集，如G101—1。

如图 1.3 所示为采用平面注写方式表达的梁平法施工图示例，该图属于平法结构设计第一部分的设计内容。可以从中直观地看出与传统方法的区别，以形成平法设计的初步轮廓。

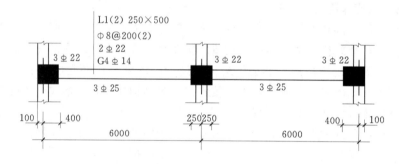

图 1.3　梁平法施工图示例

1.1.4.3　平法结构施工图的表达方式

1. 总体情况

平法结构施工图的表达方式是把结构构件的尺寸和配筋等按照平面整体表示方法的制图规则，整体直接表达在建筑结构施工图各类构件的结构平面布置图上，如图 1.4 所示。再与标准构造详图［如平法标准图集（G101—1）］配合，构成一套新型、完整的结构设计。这种设计方法改变了传统的将构件从结构平面布置图中索引出来再逐步绘制各个配筋详图的繁琐方法。

在平面布置图上表示各构件尺寸和配筋的方式主要有平面注写方式、列表注写方式、截面注写方式三种。采用的一般原则是以平面注写方式为主，列表注写方式与截面注写方式为辅，可由设计者根据具体工程情况进行选择。各种表达方式所表达的内容相同，一般以平面注写方式为主的依据是平面注写方式在原位表达，信息量高且集中，易平衡、易校审、易修改、易读图；列表注写方式的信息量亦大且集中，但非原位表达，对设计内容的平衡、校审、修改、读图欠直观，故而作为辅助方式；截面注写方式则适用于构件形状比较复杂或为异形构件的情况。

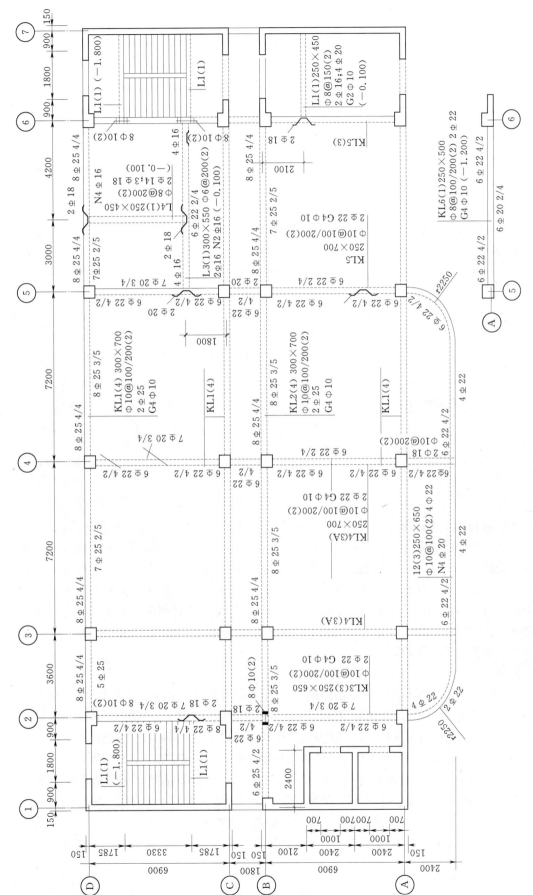

图 1.4 梁平法施工图示例

平法的各种表达方式，依次为：

（1）构件编号及整体特征（如梁的跨数等）。

（2）截面尺寸。

（3）截面配筋。

（4）必要的说明。

按平法设计绘制结构施工图时，必须根据具体工程设计，按照各类构件的平法制图规则，在按结构（标准）层绘制的平面布置图上直接表示各构件的尺寸、配筋和所选用的标准图集标准构造详图。按平法设计绘制结构施工图时，应将所有的构件进行编号（图1.4），编号中含有类型代号和序号等。其中，类型代号的主要作用是指明所选用的标准构造详图（图1.5），在标准构造详图上，已按其所属构件类型注明代号，以明确该详图与平法施工图中相同构件的互补关系，使两者结合构成完整的结构设计图。

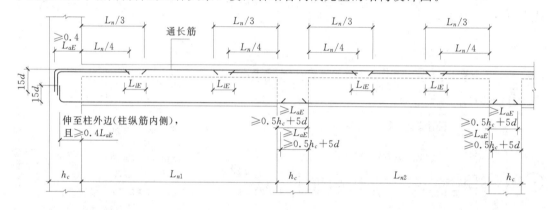

图 1.5 KL 纵向钢筋构造图

平法结构施工图对构件全面编号，在编号中，含有构件的类型代号和序号等，其中，以类型代号为连接纽带，将平法施工图中的构件和与其配合的节点构造及构件构造，准确无误地关联在一起。例如，框架梁的代号为 KL，对应于标准构造详图中关于框架梁的节点构造和构件构造；屋面框架梁的代号为 WKL，对应于标准构造详图中关于屋面框架梁的节点构造和构件构造；非框架梁的代号为 L，对应标准构造详图中关于非框架梁的节点构造和构件构造。这样进行处理，明确了该构件与标准构造详图的对应互补关系，使两者合并构成完整的结构设计。

2. 平法施工图上应注明结构竖向定位尺寸

平法结构设计图不表达整榀框架配筋详图，结构的空间形象要通过数字化、符号化的注写内容间接形成。平法设计制图规则规定，当按平法设计绘制结构施工图时，应采用表格或其他方式注明结构竖向定位尺寸，其主要内容包括：基础底面基准标高，基础结构或地下结构层顶面标高和结构层高，地上结构各结构层的楼面标高和结构层高，各结构层号，等等。

对于单项结构工程，结构竖向定位尺寸必须统一，以保证基础、基础结构或地下结构、柱及剪力墙、梁、板等使用同一竖向定位标准。为施工方便，应将统一的结构竖向定位尺寸分别表示在各类构件的平法施工图中，如图1.6所示。

采用将结构竖向定位尺寸表的部分细线做加粗处理的方法，可以简明、清晰地把层号

层号	标高(m)	层高(m)
屋面2	65.670	
塔层2	62.370	3.30
屋面1(塔层1)	59.070	3.30
16	55.470	3.60
15	51.870	3.60
14	48.270	3.60
13	44.670	3.60
12	41.070	3.60
11	37.470	3.60
10	33.870	3.60
9	30.270	3.60
8	26.670	3.60
7	23.070	3.60
6	19.470	3.60
5	15.870	3.60
4	12.270	3.60
3	8.670	3.60
2	4.470	4.20
1	-0.030	4.50
-1	-4.530	4.50
-2	-9.030	4.50

层号	标高(m)	层高(m)
屋面2	65.670	
塔层2	62.370	3.30
屋面1(塔层1)	59.070	3.30
16	55.470	3.60
15	51.870	3.60
14	48.270	3.60
13	44.670	3.60
12	41.070	3.60
11	37.470	3.60
10	33.870	3.60
9	30.270	3.60
8	26.670	3.60
7	23.070	3.60
6	19.470	3.60
5	15.870	3.60
4	12.270	3.60
3	8.670	3.60
2	4.470	4.20
1	-0.030	4.50
-1	-4.530	4.50
-2	-9.030	4.50

层号	标高(m)	层高(m)	
屋面2	65.670		
塔层2	62.370	3.30	
屋面1(塔层1)	59.070	3.30	
16	55.470	3.60	
15	51.870	3.60	
14	48.270	3.60	
13	44.670	3.60	
12	41.070	3.60	
11	37.470	3.60	
10	33.870	3.60	
9	30.270	3.60	
8	26.670	3.60	
7	23.070	3.60	
6	19.470	3.60	
5	15.870	3.60	
4	12.270	3.60	
3	8.670	3.60	约束边缘构件部位
2	4.470	4.20	
1	-0.030	4.50	
-1	-4.530	4.50	底部加强部位
-2	-9.030	4.50	

图 1.6 平法施工图中结构层楼面标高及层高表示例

及所在位置直观地表示清楚，如图 1.6 所示。为了统一，平法施工图的图名可为"××标高至××标高×类构件平法施工图"，然后在图名下加注"××层至××层"，也可采用"××层至××层×类构件平法施工图"，然后在图名下加注"××标高至××标高"。例如，图名为"5～8 层梁结构平法施工图（15.870—26.670）"（图 1.7），也可注为"15.87—26.67 梁结构平法施工图（5～8 层）"。施工人员对照本图上的结构竖向定位尺寸表，即可清楚其所在层数和高度范围。

应当注意的是，柱、墙类竖向构件的高度范围是从标准层起始层的结构楼面标高开始，至标准层的终止层顶部标高（实际是上一层的楼面标高）为止，即竖向构件贯通所在层的全部竖向空间，而梁类水平构件的位置，无论是标准层的起始层还是终止层，均为该层的结构层楼面标高。

在平法设计施工图中，结构层楼面标高是指将建筑图中的各层地面和楼面标高值扣除建筑面层及垫层做法厚度后的标高，结构层号应与建筑层号一致。在结构设计中，存在建筑学概念上的楼层与结构概念上的楼层不相一致的矛盾。对于主体结构而言，从竖向立面来看，每一层结构均由竖向支承构件和与该竖向支承构件的上端相连接的横向支承构件构成，人们习惯所说的某一层的梁，实际上是结构概念的下面一层的梁。例如，习惯所称的二层梁实际上是构成第一层结构的梁；习惯所称的屋面梁实际上是构成顶层结构的梁。人们的习惯与结构的概念恰好差了一层，但是却与建筑学的分层概念完全一致，如图 1.8 所示。这样，在结构层与建筑楼层在分层概念上便产生了矛盾，在比照建筑平面布置图讨论

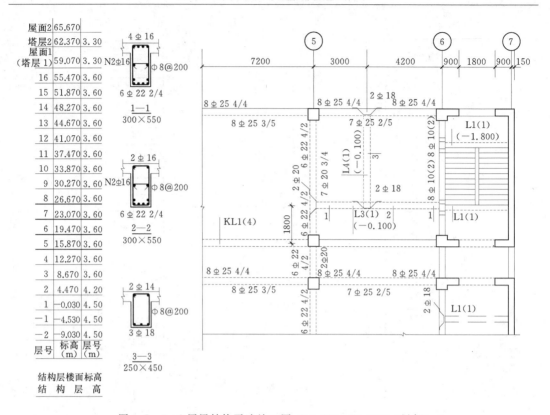

图 1.7 5～8 层梁结构平法施工图（15.870—26.670）（局部）

结构计算分析结果时，如不仔细分辨，有时会错了一层，尤其对于层数很多的高层建筑，两个标准层的交接位置，或高位转换层的实际位置，更需仔细对应。

梁在结构意义上的层相对于建筑划分的层恰好错了一层，而柱、墙、楼板的结构分层却与建筑分层完全一致，建筑学专业在设计排序上先于结构，在层的划分上，结构自然应当服从建筑，如图 1.9 所示。因此，平法制图规则规定，在结构竖向定位尺寸表中的结构层号应与建筑楼层的层号保持一致。

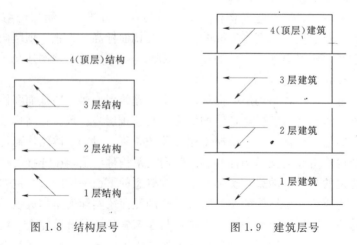

图 1.8 结构层号   图 1.9 建筑层号

任务 1.2 钢筋计算基础知识

1.2.1 钢筋工程量计算意义

钢筋是一种常用的建筑材料，它的主要优点是强度高、品质均匀稳定、塑性和韧性较好、加工性能良好，可用于制作各种构件。在钢筋混凝土结构中能弥补混凝土抗拉弯、抗剪和抗裂性能较低的缺点，钢筋的塑性好，能抵抗较大的变形。工程造价计算中，钢筋用量的计算是最繁琐的任务，钢筋用量计算的正确与否对工程造价的影响也最大。

1.2.1.1 建筑用钢筋的种类

1. 热轧钢筋

根据表面特征不同，热轧钢筋分为光圆钢筋和带肋钢筋。根据强度的高低，热轧钢筋又分为不同的强度等级。我国热轧钢筋标准，按屈服强度、抗拉强度等力学性能分为Ⅰ～Ⅳ级，四个强度等级的钢筋中，除Ⅰ级钢筋为低碳钢外，其余三级热轧带肋钢筋均为低合金钢。其牌号由 HRB 和规定屈服强度最小值构成。H、R、B 分别为热轧、肋、钢筋的英文名称的第一个字母。

2. 钢筋混凝土用冷拉钢筋

为了提高钢筋的强度及节约钢筋，工地上常按施工规程控制一定的冷拉应力或冷拉率，对热轧钢筋进行冷拉。冷拉钢筋的力学性能应符合相关规范规定的要求。冷拉后不得有裂纹、起层等现象。

3. 预应力混凝土用热处理钢筋

预应力混凝土用热处理钢筋是用 Φ8、Φ10 的热轧带肋钢筋经淬火和回火等调质处理而成，代号为 RB150。

预应力混凝土用热处理钢筋的优点是：强度高，可代替高强钢丝使用；配筋根数少，节约钢材；锚固性好，不易打滑，预应力值稳定；施工简便，开盘后钢筋自然伸直，不需调直及焊接。主要用于预应力钢筋混凝土轨枕，也用于预应力梁、板结构及吊车梁等。

4. 冷轧带肋钢筋

冷轧带肋钢筋是采用由普通低碳钢或低合金钢热轧的圆盘条为母材，经冷轧减径后在其表面冷轧成二面或三面有肋的钢筋。冷轧带肋钢筋是热轧圆盘钢筋的深加工产品，是一种新型高效建筑钢材。

冷轧带肋钢筋按抗拉强度分为 5 级，其代号为 CRB550、CRB650、CRB800、CRB970 和 CRB1170，（CRB 为 Cold rolling ribbed steel bar），后面的数字表示钢筋抗拉强度等级数值。冷轧带肋钢筋的直径范围为 4～12mm。

5. 冷拔低碳钢丝

冷拔低碳钢丝是将直径为 6.5～8mm 的 Q235 热轧盘条钢筋经冷拔加工而成。冷拔低碳钢丝分为甲、乙两级，甲级丝适用于作预应力筋，乙级丝适用于作焊接网、焊接骨架、箍筋和构造钢筋。其力学性能应符合有关规定。

6. 预应力混凝土用钢丝及钢绞线

大型预应力混凝土构件由于受力很大，常采用高强度钢丝或钢绞线作为主要受力钢筋。

预应力高强度钢丝是用优质碳素结构钢盘条，经酸洗、冷拉或再经回火处理等工艺制成，钢绞线是由 7 根直径为 2.5～5.0mm 的高强度钢丝，绞捻后经一定热处理清除内应力而制成。

预应力混凝土用钢丝分为冷拉钢丝（代号 L）、矫直回火钢丝（代号 J）和矫直回火刻痕钢丝（代号 JK）三种。前两种直径有 3mm、4mm、5mm 三种，它们的抗拉强度 σ_b 达 1500MPa 以上，屈服强度 $\sigma_{0.2}$ 可达 1100MPa 以上。预应力混凝土用钢绞线直径有 9.0mm、12.0mm 和 15.0mm 三种，主要用于大跨度、大负荷的后张法预应力屋架、桥梁和薄腹梁等结构的预应力筋。

钢筋混凝土常用钢筋见表 1.1。

表 1.1　　　　　　　　　　　　钢筋混凝土常用钢筋汇总表

序号	级别名称	代表符号	直径范围
1	热轧光圆钢筋 HPB235	Φ	8～20mm
2	热轧带肋钢筋 HRB335	Φ	6～50mm
3	热轧带肋钢筋 HRB400	Φ	6～50mm
4	余热处理钢筋 RRB400	Φ^R	8～40mm
5	钢绞线	Φ^S	1×3：8.6mm、10.8mm、12.9mm 1×7：9.5mm、11.1mm、12.7mm、15.2mm
6	消除应力光面钢丝	Φ^P	4～9mm
7	消除应力螺旋肋钢丝	Φ^H	4～8mm
8	消除应力刻痕钢丝	Φ^I	5mm、7mm
9	热处理钢筋	Φ^{HT}	6mm、8.2mm、10mm

1.2.1.2　钢筋工程量计算的意义

1. 工程量的概念

工程量是指以物理计量单位或自然计量单位所表示的建筑工程各个分项工程或结构构件的实物数量。工程造价中的工程量计算是根据建筑工程的施工图，按照《建筑工程工程量清单计价规范》（GB 50500—2008）或工程所在地的预算定额所划分的工程项目和其规定的计算规则，计算出工程量。

钢筋工程量的计算就是建筑工程施工图，计算出工程中各类钢筋用量的长度，然后折算为理论重量的全部计算过程。

2. 钢筋工程量计算的意义

工程量的计算是建筑工程计价的重要工作过程，是工程造价管理活动中的重要环节。工程量计算工作在整个工程造价的确定与控制过程中占整个工作量时间的 75%～80%，直接影响工程造价确定的及时性，工程量计算的准确与否将直接影响工程造价的准确性。而钢筋在建筑工程中是用量最大，价格较高的建筑材料，钢筋用量计算的准确度将直接影响建筑工程直接费的准确性，因此，要求工程造价人员要有较高的责任感和耐心细致的工作精神。

一般来说，钢筋工程量的计算有以下几方面的作用：

（1）钢筋工程量的计算是工程计价的主要内容之一。对一个工程项目而言，只有计算出准确的钢筋工程量，才能计算出直接工程费，进而才能确定工程造价。

（2）钢筋工程量的计算是进行工料分析的依据，任何一项工程项目都要用到大量的钢筋，这些必须在开工前和施工中做好供应计划，而这些钢筋在工程中要根据不同的构件要求进行加工则需要人工用量的安排。这些钢筋用量及人工用量的计算是用相应的工程量乘以定额消耗量来确定的。

（3）钢筋工程量的计算是支付工程价款的依据。在一个工程项目中，通常业主是分期、分阶段向承包商支付工程价款的，而付款额度的依据就是已完工程的工程量乘以合同约定的相应工程或材料的单价，如果无法确定主要材料钢筋的工程量，则无法支付工程价款。

（4）钢筋工程量的计算是工程结算的依据。在工程项目竣工验收时，钢筋工程量是表明工程任务完成情况的尺度，经过认真核算可成为工程结算的重要依据。

1.2.2　钢筋工程量计算规则

钢筋工程，应区别现浇、预制构件、不同钢种和规格，分别按施工图设计长度乘以单位理论重量（质量），以吨计算。

在 GB50500—2008 中，钢筋工程的工程量计算规则应按表 1.2 的规定执行。

表 1.2　　　　　　　　　　钢 筋 工 程 计 算 规 则　　　　　　　　（编码：010416）

项目编码	项目名称	项目特征	计量单位	工程量计算规则	工程内容
010416001	现浇混凝土钢筋	钢筋种类、规格		按设计图示钢筋（网）长度（面积）乘以单位理论质量计算	（1）钢筋（网、笼）制作、运输。（2）钢筋（网、笼）安装
010416002	预制构件钢筋				
010416003	钢筋网片				
010416004	钢筋笼				
010416005	先张法预应力钢筋	（1）钢筋种类、规格。（2）锚具种类		按设计图示钢筋长度乘以单位理论质量计算	（1）钢筋制作、运输。（2）钢筋张拉
010416006	后张法预应力钢筋			按设计图示钢筋（丝束、绞线）长度乘以单位理论质量计算。（1）低合金钢筋两端均采用螺杆锚具时，钢筋长度按孔道长度减 0.35m 计算，螺杆另行计算。（2）低合金钢筋一端采用镦头插片、另一端采用螺杆锚具时，钢筋长度按孔道长度计算，螺杆另行计算。（3）低合金钢筋一端采用镦头插头、另一端采用帮条锚具时，钢筋增加 0.15m 计算；两端采用帮条锚具时，钢筋长度按孔道长度增加 0.3m 计算。（4）低合金钢筋采用后张混凝土自锚时，钢筋长度按孔道长度增加 0.35m 计算。（5）低合金钢筋（钢绞线）采用 JM、XM、QM 型锚具，孔道长度在 20m 以内时，钢筋长度增加 1m 计算；孔道长度 20m 以外时，钢筋（钢绞线）长度按孔道长度增加 1.8m 计算。（6）碳素钢丝采用锥形锚具，孔道长度在 20m 以内时，钢丝束长度按孔道长度增加 1m 计算；孔道长在 20m 以上时，钢丝束长度按孔道长度增加 1.8m 计算。（7）碳素钢丝束采用镦头锚具时，钢丝束长度按孔道长度增加 0.35m 计算	（1）钢筋、钢丝束、钢绞线制作、运输。（2）钢筋、钢丝束、钢绞线安装。（3）预埋管孔道铺设。（4）锚具安装。（5）砂浆制作、运输。（6）孔道压浆、养护
010416007	预应力钢丝	（1）钢筋种类、规格。（2）钢丝束种类、规格。（3）钢绞线种类、规格。（4）锚具种类。（5）砂浆强度等级			
010416008	预应力钢绞线				

1.2.3 下料长度与预算长度的联系与区别

钢筋的计算长度有预算长度与下料长度之分。预算长度指的是施工图中钢筋工程量的计算长度,主要是用于计算钢筋的重量,确定工程的造价;下料翻样是钢筋工程施工中一项非常重要的工作,在钢筋施工工序上,钢筋配料(钢筋的切断、工艺加工等)、绑扎安装、交付验收等都需要有书面的依据,这个依据就是翻样工所出具的《钢筋配料单》,翻样工所出具《钢筋配料单》的工作过程就是钢筋下料翻样,翻样工的水平如何直接决定了钢筋施工每道工序的操作质量、原材的合理利用、使用人工是否经济等要素。预算长度与下料长度两者既有联系又有区别,预算长度和下料长度都说的是同一构件的同一钢筋实体,下料长度可由预算长度调整计算而来。其主要区别在于内涵不同、精度不同。

(1)从内涵上说,预算长度按设计图示尺寸计算,它包括设计已规定的搭接长度,对设计未规定的搭接长度不计算(设计未规定的搭接长度考虑在定额损耗量里,清单计价则考虑在价格组成里),不过实际操作时都按定尺长度加搭接长度。而下料长度则是根据施工进料的定尺情况、实际采用的钢筋连接方式并按照施工规范对钢筋接头数量、位置等具体规定要求考虑全部搭接在内的计算长度,有时还要考虑施工工艺和施工流程,如果是分段施工还需要考虑两个流水段之间的钢筋连接。例如,柱、墙竖向构件基础插筋、上下层间钢筋的搭接,封闭圈梁纵筋以及圆形箍筋、焊接封闭箍筋的首尾搭接,均视为设计规定的搭接,要计算在工程量内。对钢筋定尺长度(或既有长度)相对构件布筋长度较短而产生的钢筋搭接,属于设计未规定的搭接,比如长的筏形基础,一根钢筋中间需要多少搭接接头,清单工程量里不计算,施工下料却要根据构件钢筋受力情况一并考虑。

(2)从精度上讲,预算长度按图示尺寸计算,即构件几何尺寸、钢筋保护层厚度和弯曲调整值,并不考虑所读出的图示尺寸与钢筋制作的实际尺寸之间的量度差值,而下料长度对这些却是全都要考虑的。比如,一个矩形箍筋,预算长度只考虑构件截面宽度、截面高度,钢筋保护层厚度及两个 135° 弯钩,不考虑三个 90° 直弯。下料长度则都要考虑进去。

正确区分预算长度与下料长度,既是为了准确计算钢筋工程量用以确定造价,也是为了相应算出符合实际的下料长度,以期指导施工,保证钢筋下料的形状、根数、长度准确无误,否则会造成严重的后果。而钢筋预算用量要求计算准确,否则会造成量上的误差,将影响工程造价的准确性。

(3)在计算难度上,下料长度计算比预算工程量计算要求高,计算一个构件,下料计算必须高度精确,需要钢筋翻样人员对钢筋的具体形式和钢筋的摆放位置相当清楚,并且对施工流程非常了解,而钢筋预算对这方面就没有太高的要求,要求钢筋的总量相同就可以了,但是预算长度没法用于施工。

(4)影响钢筋预算的一个主要因素就是计算要准确,而影响施工下料有几个关键因素,即可操作性,规范化,优化下料。

总之,预算中钢筋长度计算与施工中钢筋下料长度计算是不一样的。预算中钢筋的长度计算是按施工图计算工程量的,要考虑关于钢筋的加工损耗,如果是预制构件还要考虑构件损耗问题,虽然有一部分加工损耗定额中有所考虑,但还有一部分是不包含的,所以在计算时要考虑进去,这部分损耗也是定额允许的。而施工中考虑的弯曲等增加值，是按实际长度计算的，没有考虑损耗。业主单位如果按下料长度代替钢筋工程量来和施工单位对量，因为下料长度要小于钢筋工程量计算的长度，因此这样施工单位就可能会吃亏。

这就是两者的有机联系与区别，也是工程造价人员要特别注意的问题。本教材主要是计算预算长度，如果计算下料长度，方法类似，按照施工布筋断料方式进行适当调整。

1.2.4 钢筋预算工程量计算的基本原理（锚固长度、连接长度等内容介绍）

1.2.4.1 钢筋计算原理

在计算钢筋工程量时，其基本原理就是先计算钢筋的总长度，再以总长度乘以单位长度理论重量得出总重量。

$$钢筋的总重量＝单根钢筋长度×总根数×单位长理论重量$$
$$单根钢筋长度＝净长度＋节点锚固＋搭接长度＋弯钩长度$$

影响节点锚固与搭接长度的因素主要有三方面，即混凝土的标号、建筑结构的抗震等级、钢筋的级别。在进行抗震等级的选择时，其影响因素要考虑结构的类型、设防烈度、建筑物的檐高等。

钢筋计算原理如图 1.10 所示。

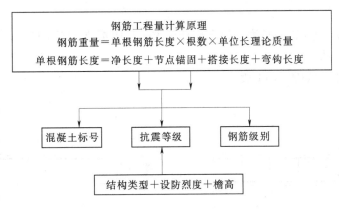

图 1.10　钢筋工程量计算原理图

1.2.4.2 混凝土保护层

为了防锈、防火及防腐等，钢筋混凝土构件中的钢筋不允许外露，自钢筋的外边缘至构件表面之间应留有一定厚度的混凝土保护层。钢筋混凝土保护层厚度是指从受力钢筋的外边缘至构件外表面之间的距离。最小保护层厚度应符合设计图纸中要求。设计中无明确要求时，按《混凝土结构设计规范》（GB50010—2010）执行。

纵向受力的普通钢筋及预应力钢筋，其混凝土保护层厚度（钢筋外边缘至混凝土表面的距离）不应小于钢筋的直径，且应符合表 1.3 的规定。

1.2.4.3 钢筋的锚固

钢筋的锚固长度是指受力钢筋通过混凝土与钢筋的黏结作用，将所受力传递给混凝土所需要的长度。在结构设计计算中，钢筋的锚固长度是指自钢筋不需要点至截断位置的长

表 1.3　　　　　　　　　　　　　　混凝土保护层厚度表

环境类别		板、墙、壳			梁			柱		
		≤C20	C25~C45	≥C50	≤C20	C25~C45	≥C50	≤C20	C25~C45	≥C50
一		20	15	15	30	25	25	30	30	30
二	a	—	20	20	—	30	30	—	30	30
	b	—	25	20	—	35	30	—	35	30
三		—	30	25	—	40	35	—	40	35

注　1. 轻骨料混凝土的钢筋的保护层厚度应符合《轻骨料混凝土结构设计规程》(JG12—2006)。

　　2. 处于室内正常环境，由工厂生产的预制构件，当混凝土强度等级不低于 C20 且施工质量有可靠保证时，其保护层厚度可按表中规定减少 5mm，但预制构件中的预应力钢筋的保护层厚度不应小于 15mm；处于露天或室内高湿度环境的预制构件，当表面另作水泥砂浆抹面且有质量可靠保证措施时，其保护层厚度可按表中室内正常环境中的构件的保护层厚度数值采用。

　　3. 钢筋混凝土受弯构件，钢筋端头的保护层厚度一般为 10mm；预制的肋形板，其主肋的保护层厚度可按梁考虑。

　　4. 板、墙、壳中分布钢筋的保护层厚度不应小于 10mm；梁、柱中的箍筋和构造钢筋的保护层厚度不应小于 15mm。

　　5. 基础中纵向受力钢筋的混凝土保护层厚度不应小于 40mm；当无垫层时不应小于 70mm。

　　6. 环境类别详见附表 7。

度。钢筋的断点位置及锚固长度应符合设计要求。当图纸要求不明确时，可按照平法构造的要求计算钢筋用量。

　　钢筋的锚固长度如图 1.11 所示。

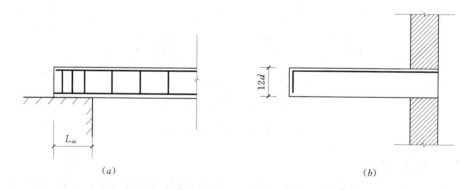

图 1.11　钢筋锚固长度示意图

(a) 纵向受力钢筋伸入梁筒支支座的锚固；(b) 悬臂梁上部角筋外端部的锚固

　　钢筋的锚固长度设计图有明确规定的，按图计算，当设计无具体要求时，则按《混凝土结构设计规范》(GB50010—2010) 的规定计算。

　　受拉钢筋的锚固长度应按下列式子计算：

　　普通钢筋　　　　　　　　　　　$L_a = a(f_y/f_t)d$

　　预应力钢筋　　　　　　　　　　$L_a = a(f_{py}/f_t)d$

式中 f_y、f_{py}——普通钢筋、预应力钢筋的抗拉强度设计值;

f_t——混凝土轴心抗拉强度设计值,当混凝土强度等级高于 C40 时,按 C40 取值;

d——钢筋直径;

a——钢筋的外形系数(光面钢筋 a 取 0.16,带肋钢筋 a 取 0.14)。

钢筋抗拉强度及混凝土强度设计值见表 1.4 和表 1.5。

表 1.4 　　　　　　　　　　　钢筋抗拉强度设计值 　　　　　　　　　单位:N/mm²

种　　类		符号	f_y
热轧钢筋	HPB235(Q235)	Φ	210
	HRB335(20MnSi)	Φ	300
	HRB400(20MnSiV、20MnSiNb、20MnTi)	Φ	360
	RRB400(K20MnSi)	Φ^R	360

注　HPB235 系指光圆钢筋,HRB335、HRB400 及 RRB400 级余热处理钢筋系指带肋钢筋。

表 1.5 　　　　　　　　　　　混凝土强度设计值 　　　　　　　　　　单位:N/mm²

强度 种类	混 凝 土 强 度 等 级											
	C15	C20	C25	C30	C35	C40	C45	C50	C55	C60	C65	C70
ft	0.91	1.10	1.27	1.43	1.57	1.71	1.80	1.89	1.96	2.04	2.09	2.14

注意,当符合下列条件时,计算的锚固长度应进行修正:

(1)当 HRB335、HRB400 及 RRB400 级钢筋的直径大于 25mm 时,其锚固长度应乘以修正系数 1.1。

(2)当 HRB335、HRB400 及 RRB400 级的环氧树脂涂层钢筋,其锚固长度应乘以修正系数 1.25。

(3)当 HRB335、HRB400 及 RRB400 级钢筋在锚固区的混凝土保护层厚度大于钢筋直径的 3 倍且配有箍筋时,其锚固长度可应乘以修正系数 0.8。

(4)经上述修正后的锚固长度不应小于按公式计算锚固长度的 0.7 倍,且不应小于 250mm。

(5)纵向受压钢筋的锚固长度不应小于受拉钢筋锚固长度的 0.7 倍。

纵向受拉钢筋的抗震锚固长度 L_{aE} 应按下列公式计算:

一、二级抗震等级 　　　　　　　$L_{aE}=1.15l_a$

三级抗震等级 　　　　　　　　　$L_{aE}=1.05l_a$

四级抗震等级 　　　　　　　　　$L_{aE}=l_a$

混凝土结构的抗震等级及受拉钢筋抗震锚固长度见表 1.6 和表 1.7。

表 1.6　　　　　　　　　　　　　混凝土结构的抗震等级

结构体系与类型		设防烈度						
		6		7		8		9
框架结构	高度	≤30	>30	≤30	>30	≤30	>30	≤25
	框架	四	三	三	二	二	一	一
	剧场、体育馆等大跨度公共建筑	三		二		一		一
框架—剪力墙结构	高度（m）	≤60	>60	≤60	>60	≤60	>60	≤50
	框架	四	三	三	二	二	一	一
	剪力墙	三	三	二	二	一	一	一
剪力墙结构	高度（m）	≤80	>80	≤80	>80	≤80	>80	≤60
	剪力墙	四	三	三	二	二	一	一
部分框支剪力墙结构	框支层框架	二	二	二	一	一	不应采用	不应采用
	剪力墙	三	二	二	一	一	不应采用	不应采用
筒体结构	框架—核心筒结构　框架	三		二		一		一

表 1.7　　　　　　　　　　　　受拉钢筋抗震锚固长度 l_{aE}

混凝土强度等级与抗震等级			C20		C25		C30		C35		≥C40	
钢筋种类与直径			一、二级抗震等级	三级抗震等级	一、二级抗震等级	三级抗震等级	一、二级抗震等级	三级抗震等级	一、二级抗震等级	三级抗震等级	一、二级抗震等级	三级抗震等级
HRB235 Ⅰ级钢筋	普通钢筋		$36d$	$33d$	$31d$	$28d$	$27d$	$25d$	$25d$	$23d$	$23d$	$21d$
HRB335 Ⅱ级钢筋	普通钢筋	$d≤25$	$44d$	$41d$	$38d$	$35d$	$34d$	$31d$	$31d$	$29d$	$29d$	$26d$
		$d>25$	$49d$	$45d$	$42d$	$39d$	$38d$	$34d$	$34d$	$31d$	$32d$	$29d$
	环氧树脂涂层钢筋	$d≤25$	$55d$	$51d$	$48d$	$44d$	$43d$	$39d$	$39d$	$36d$	$36d$	$33d$
		$d>25$	$61d$	$56d$	$53d$	$48d$	$47d$	$43d$	$43d$	$39d$	$39d$	$36d$
HRB400 Ⅲ级钢筋	普通钢筋	$d≤25$	$53d$	$49d$	$46d$	$42d$	$41d$	$37d$	$37d$	$34d$	$34d$	$31d$
		$d>25$	$58d$	$54d$	$51d$	$46d$	$45d$	$41d$	$41d$	$38d$	$38d$	$34d$
RRB400 Ⅳ级钢筋	环氧树脂涂层钢筋	$d≤25$	$66d$	$61d$	$57d$	$53d$	$51d$	$47d$	$47d$	$43d$	$43d$	$39d$
		$d>25$	$73d$	$67d$	$63d$	$58d$	$56d$	$51d$	$51d$	$47d$	$47d$	$43d$

G101—1 按照《混凝土结构设计规范》（GB 50010—2010）的规定对一些常用构造形式标明了锚固形式与长度，在计算钢筋工程量时，只需按照设计师标明的锚固长度或者图集里面标明的锚固长度取值。

1.2.4.4　受力钢筋的弯钩与弯起钢筋

1. 钢筋的弯钩长度

Ⅰ级钢筋末端需要做 180°、135°、90°弯钩时，其圆弧弯曲直径 D 不应小于钢筋直径 d 的 2.5 倍，平直部分长度不宜小于钢筋直径 d 的 3 倍；HRRB335 级、HRB400 级钢筋的弯弧内径不应小于钢筋直径 d 的 4 倍，弯钩的平直部分长度应符合设计要求。如图 1.12 所示。

$$180°的每个弯钩长度＝6.25d$$
$$135°的每个弯钩长度＝4.9d$$
$$90°的每个弯钩长度＝3.5d$$

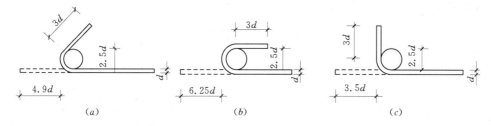

图 1.12　钢筋弯钩长度示意图

2. 弯起钢筋的增加长度

弯起钢筋的弯起角度一般有 30°、45°、60°三种，其弯起增加值是指钢筋斜长与水平投影长度之间的差值。

弯起钢筋斜长及增加长度见表 1.8。

表 1.8　　　　　　　　　　弯起钢筋斜长及增加长度计算表

形　　状				
计算方法	斜边长 S	$2h$	$1.414h$	$1.155h$
	增加长度 $S-L=\Delta l$	$0.268h$	$0.414h$	$0.577h$

1.2.4.5　箍筋的长度

箍筋的末端应作弯钩，弯钩形式应符合设计要求。当设计无具体要求时，用Ⅰ级钢筋或低碳钢丝制作的箍筋，其弯钩的弯曲直径 D 不应大于受力钢筋直径，且不小于箍筋直径的 2.5 倍；弯钩的平直部分长度，一般结构的，不宜小于箍筋直径的 5 倍；有抗震要求的结构构件箍筋弯钩的平直部分长度不应小于箍筋直径的 10 倍。

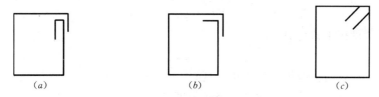

图 1.13　箍筋末端作弯钩示意图

（a）一般结构（90°/180°）；（b）一般结构（90°/90°）；（c）抗震结构（135°/135°）

在 03G101 里面，只有图 1.13（c）形式的构造，目前一般都设计为 135°抗震结构的构造。

箍筋的长度有两种计算方法：

（1）可按构件断面外边周长减去 8 个混凝土保护层厚度，再加 2 个弯钩长度计算。

（2）可按构件断面外边周长加上增减值计算。

箍筋增减值调整表见表 1.9。

表 1.9　箍 筋 增 减 值 调 整 表

形　　状		直径 d（mm）						备注（保护层按 25mm 考虑）
		4	6	6.5	8	10	12	
		增　减　值						
抗震结构	135°/135°	−88	−33	−20	22	78	133	增减值＝25×8−27.8d
一般结构	90°/180°	−133	−100	−90	−66	−33	0	增减值＝25×8−16.75d
一般结构	90°/90°	−140	−110	−103	−80	−50	−20	增减值＝25×8−15d

1.2.4.6　钢筋的连接

为了便于运输钢筋，通常市场上购买的钢筋长度为 6m、8m、9m 或 12m。当施工时如果钢筋的长度不够，就需要把两根钢筋连接起来。钢筋的连接可分为两类：绑扎搭接；机械连接或焊接。

1. 对钢筋连接接头的具体要求

为了保证两根钢筋连接起来受力可靠，对钢筋连接接头使用范围和接头加工质量有如下规定：

（1）直径大于 12mm 的钢筋，应优先采用焊接连接或机械连接。

（2）当受拉钢筋的直径 $d>28$mm 及受压钢筋的直径大于 $d>32$mm 时不宜采用绑扎搭接接头。

（3）轴心受拉及小偏心受拉杆件（如桁架和拱的拉杆）的纵向受力钢筋不得采用绑扎搭接接头。

（4）直接承受动力荷载的结构构件中，其纵向受拉钢筋不得采用绑扎搭接接头。

（5）同一构件中相邻纵向受力钢筋的绑扎搭接接头宜相互错开。

2. 对绑扎搭接的具体要求

（1）纵向受拉钢筋绑扎搭接接头的搭接长度，应根据位于同一连接区段内的钢筋搭接接头面积百分率按下式计算

$$L_l = \zeta L_a$$

抗震搭接长度按下式计算

$$L_{lE} = \zeta L_{aE}$$

上二式中　L_l——纵向受拉钢筋的搭接长度；

　　　　　　L_{lE}——纵向受拉钢筋的抗震搭接长度；

　　　　　　L_a——纵向受拉钢筋的锚固长度；

　　　　　　L_{aE}——纵向受拉钢筋的抗震锚固长度；

ζ——纵向受拉钢筋搭接长度修正系数，按表 1.10 取用。

注意：①当不同直径的钢筋搭接时，搭接长度值按较小的直径计算；②任何情况下，搭接长度不应小于 300mm；③构件中的纵向受压钢筋，当采用搭接连接时，其受压搭接长度不应小于以上规定的纵向受拉钢筋搭接长度的 0.7 倍，且在任何情况下不应小于 200mm。

表 1.10　　　　　　　　　　　纵向受拉钢筋搭接长度修正系数 ζ

纵向钢筋搭接接头面积百分率（%）	≤25	50	100
ζ	1.2	1.4	1.6

（2）钢筋绑扎搭接接头连接区段的长度为 $1.3l_l$（l_l 为搭接长度），凡搭接接头中点位于该连接区段长度内的搭接接头均属于同一连接区段。同一连接区段内纵向钢筋搭接接头面积百分率为该区段内有搭接接头的纵向受力钢筋截面面积与全部纵向受力钢筋截面面积的比值，如图 1.14 所示。

同一连接区段内，纵向受拉钢筋搭接接头面积百分率应符合设计要求；当设计无具体要求时，应符合下列规定：

1）对梁、板类及墙类构件，不宜大于 25%。

2）对柱类构件，不宜大于 50%。

3）当工程中确有必要增加接头面积百分率时，对梁类构件不应大于 50%，对其他构件，可根据实际情况放宽。

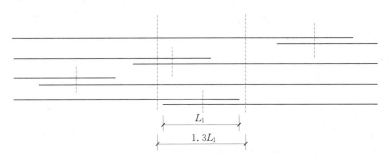

图 1.14　同一连接区段内的纵向受拉钢筋绑扎搭接接头

注：图中所示同一连接区段内的搭接接头钢筋为两根，当钢筋直径相同时，钢筋搭接接头面积百分率为 50%。

钢筋接头个数的计算比较简单，为钢筋计算长度/钢筋定尺长度所得的结果取整。如某构件内一根钢筋的计算长度为 15m，而钢筋的定尺长度为 8m，则至少需要两根钢筋，两根钢筋连接起来，接头个数为 1，即 15/8＝1.875，取整，为 1。

一根钢筋的搭接总长度＝搭接长度×接头个数

1.2.4.7　钢筋计算其他问题

在计算钢筋用量时，还要注意设计图纸未画出以及未明确表示的钢筋，如楼板中双层钢筋的上部负弯矩钢筋的附加分布筋、满堂基础底板的双层钢筋在施工时支撑所用的马凳及钢筋混凝土墙施工时所用的拉筋等。这些都应按规范要求计算，并入其钢筋用量中。

本教材按照图集的构造要求计算，在实际工程中，设计图纸有说明时应按照图纸的设计计算。设计图纸中说明了按 03G101—1 执行时，可按此教材计算方法计算，如果选用其他图集、或者将来采用 03G101—1 的升级版本，则按照设计图纸中说明的图集或者升级版本计算。

【训练提高】

    1. 平法施工图与传统施工图相比，主要有哪些特点？

    2. 为什么要计算钢筋工程量？

    3. 钢筋预算长度与下料长度的计算有什么不同？

    4. 钢筋工程量计算的基本思路是什么？

【知识拓展】

访我国平法创始人陈青来

（摘自金羊网　2005—04—15）

平法——建筑结构领域的成功之作

记者　朱启同

关于平法

混凝土结构施工图平面整体表示方法（简称平法）是把结构构件的尺寸和钢筋等，按照平面整体表示方法制图规则，整体直接表达在各类构件的结构平面布置图上，再与标准构造详图相配合，即构成一套完整的结构施工图的方法。它改变了传统的那种将构件从结构平面布置图中索引出来，再逐个绘制配筋详图的繁琐方法，是混凝土结构施工图设计方法的重大改革。由建设部批准发布的国家建筑标准设计图集（G101 即平法图集）是国家重点推广的科技成果，已在全国广泛使用。

世界上不存在结果，只存在一个接一个的过程，或者说无数的结果汇集成了过程。平法极其重视过程，因此实现了自身的可持续发展。

——陈青来

1995 年 8 月 8 日，一篇题为《结构设计的一次飞跃》的文章在《中国建设报》头版显著位置的刊登，在我国建筑界产生了强烈的反响。因为，10 天前刚通过建设部科技成果鉴定的"建筑结构施工图平面整体设计方法"（下称"平法"），与传统方法相比可使图纸量减少 65%～80%；若以工程数量计，这相当于使绘图仪的寿命提高三四倍；而设计质量通病也大幅度减少；以往施工中逐层验收梁的钢筋时需反复查阅大宗图纸，现在只要一张图就包括了一层梁的全部数据，因此大受施工和监理人员的欢迎。

弹指一挥间，10 年倏忽过。迄今为止，作为平法的创始人，山东大学教授陈青来先生已先后出版有关平法的国家标准设计技术专著及论文达 35 篇、册，其中系列国家建筑标准设计累计发行数量逾百万册。接受全国各地建设行政主管部门、建筑学会、土木工程学会、各大设计院、大专院校之邀，陈青来教授已开平法讲座 70 余场次。

2005 年 3 月 29 日，应上海鲁班软件有限公司广州分公司的邀请，陈青来教授 10 年之后再次来广东就平法的应用技术进行推广讲学，趁此机会，记者在上海鲁班广州分公司总经理冯天秀的安排下对其进行了专访。

新视野启发新思路

从事建筑行业的人，特别是从事建筑结构设计的人都知道，我国的建筑结构施工图设计经历了三个时期：一是新中国成立初期至 90 年代末的详图法（又称配筋图）；二是 80 年代初期至 90 年代初在我国东南沿海开放城市应用的梁表法；三是 90 年代至今普及的平法。作为梁表法的配套软件，1986 年开发的结构 CAD 软件即以详图法和梁表法为编制依据。它的出现，从形式上替代了人工制图，对提高我国结构设计效率起到重要作用。然而，随着我国基本建设的飞速发展，结构 CAD 软件在实际运用中的弊病也越来越突出。这表现在如下几个方面：建筑结构设计人员的工作量剧增，其中 70%～80%用于画图；计算机的普遍使用表面上将设计人员从繁重的计算工作中解放出来，但从整体来看，全国大多数设计项目仍以人工制图为主；即使利用计算机绘图，由于现有的 CAD 软件依据传统设计方法编写，表达繁琐，图纸量比手工绘制还多，设计成本反而更高。也是因为这个原因，设计中的"错、漏、碰、缺"成为质量通病。另外，工程项目设计过程中，建筑专业经常半路调整和修改平面，结构设计不得不作相应改变，而框架、剪力墙等是竖向表达的，由于这个专业间的表达不一致，变更设计时牵一发而动全身。如若在紧张状态下出图，往往顾此失彼，形成新的"错、漏、碰、缺"。这与传统设计方法的不科学性有一定联系。

也许正应了生逢其时这句话，1982 年从湖南大学工业与民用建筑专业本科毕业的陈青来，在实际工作中敏锐地感觉到，由于按传统方法和传统 CAD 软件绘制的施工图内容中存在大量的"同值性重复"和"同比值性重复"，使得传统的设计方法效率低，质量难以控制。1991 年下半年，有了先后两次在日本和挪威研修、留学和考察的陈青来经过比对发现，发达国家设计事务所完成的结构图纸通常没有节点构造详图，节点构造详图通常由建筑公司（施工单位）进行二次设计，设计效率高、质量得以保证；有些结构设计甚至只给出配筋面积，具体配筋方式由建筑公司设计，出图效率更快。据此，他认为中国传统的设计方法必须改革。而此时，平法已经在他心里有了最初的萌芽。

平法理念的"超凡脱俗"

实践告诉陈青来，构造做法主要有两大部分，即构件节点构造和构件节点外的杆件构造。这两大部分构造做法不属于设计工程师的创造性设计内容，通常只要直接遵照规范的规定和借鉴某些版本的构造设计资料来绘制即可，因之，传统设计中存在的大量重复，且大部分是离散的信息中构造做法的简单重复也就不足为奇了。如果改变传统的"构件标准化"为"构造标准化"，不仅能够大幅度提高标准化率和减少设计工程师的重复性劳动，同时，由于设计图纸中减少了重复，从而相应地会大幅度降低出错概率。这样，既可大幅度提高设计效率，同时又提高了设计质量。

基于上述的认识，平法的思路在陈青来的脑海中已经越来越清晰，并且很快形成了一条新型标准化的思路，沿着这条思路，陈青来走向了另一片结构标准化领域。在这个新领域中，不存在任何完整的标准化构件，但却包罗结构必须存在的节点构造和节点外构造标准设计。这两大类构造可适用于所有的构件，但却与构件具体的净跨度、净高度、具体截面尺寸无限制性的关系；与构件所承受的荷载无直接关系；与构件截面中的内力无直接关系；与设计师根据承载力要求所配置钢筋的规格数量也无直接关系。根据以上思路，陈青来就将具体工程中大量采用，理论与实践均比较成熟的构造做法编制成建筑结构标准设计，对各类结构构件的节点内和节点外的构造做法实行大规模标准化。这样的标准化方式不仅适用范围广，而且不替代结构设计工程师的责任与权利，完全尊重结构设计工程师的创造性劳动。这种新型标准化方式，相对于"构件标准化"可定义为"广义标准化"方式。该方式对于现浇钢筋混凝土结构，其标准化率可高于 30%。广义标准化方式在解决传统结构施工图存在大量重复问题上明显取得重大突破。

千条理由不及一个事实

1991 年，对陈青来来说，是一个非同寻常的年份。

这年 10 月初，山东省济宁市工商银行因为要将营业楼的建设纳入本年度的资金使用计划，要求山东省建筑设计研究院必须在 3 个月内完成设计。当年，以 3 个月不到的时间由一人完成 $16000m^2$ 的结构设计相当困难。按照惯例，即使是最优秀的设计师平均每天最多也只能完成 $100m^2$ 的工作量，也就是说，$16000m^2$ 由一人做最快也要 160 天才能完成。

陈青来在看过对方提供的各项资料后，感到这是实践平法的一次良机。他不仅欣然接受了任务，并承诺能够按时完成任务。但他向有关方面提出了一个要求：不得干涉我使用哪种方法。

利用自创的已经思考成熟的平法进行操作，40 天时间陈青来如期完成任务。一位负责图纸审核、1958 年毕业于同济大学的高级工程师发现只有薄薄的一沓图纸——习惯上图纸数量应该是目前的 3 倍，且运用的方式与以往的迥然不同，感到事不寻常，便更加认真地审核，但几乎未发现"错、漏、碰、缺"。高兴之余，这位老工程师赞扬道："真是天衣无缝！"

然而，老工程师赞赏未能换来当时陈青来所在单位有关领导的支持。对此他本人并无怨言，他认为任何一件新生事物都不可能在很短的时间内被人理解和接受，这是人类社会在认识事物方面的客观规律。陈青来坚信，一项好的技术会不胫而走，不必费力推广；一项并非先进的技术即便全力推广也不会真正奏效。

从 1992 年到 1994 年，在没有任何推广措施且有关领导持低调态度的情况下，平法在山东省建筑设计研究院竟然"自然普及"。1994 年底，陈青来受北京有关部门邀请为在北京的 100 所中央、地方和部队大型设计院开平法讲座，首场便引起轰动效应，他的名字也从此传到我国政治文化中心，继而传遍全国结构工程界。

六大效果验证平法科学性

从 1991 年 10 月平法的首次运用于济宁工商银行营业楼，到此后的三年在几十项工程设计上的成功实践，平法的理论与方法体系向全社会推广的时机已然成熟。

1995 年 7 月 26 日，由建设部组织的"《建筑结构施工图平面整体设计方法》科研成果鉴定"在北京举行，会上，我国结构工程界的众多知名专家对平法的六大效果一致认同，这六大效果是：

（1）够简单。平法采用标准化的设计制图规则，结构施工图表达数字化、符号化，单张图纸的信息量较大并且集中；构件分类明确，层次清晰，表达准确，设计速度快，效率成倍提高；平法使设计者易掌握全局，易进行平衡调整，易修改，易校审，改图可不牵连其他构件，易控制设计质量；平法能适应业主分阶段分层提图施工的要求，亦可适应在主体结构开始施工后又进行大幅度调整的特殊情况。平法分结构层设计的图纸与水平逐层施工的顺序完全一致，对标准层可实现单张图纸施工，施工工程师对结构比较容易形成整体概念，有利于施工质量管理。

（2）易操作。平法采用标准化的构造详图，形象、直观，施工易懂、易操作；标准构造详图可集国内较成熟、可靠的常规节点构造之大成，集中分类归纳后编制成国家建筑标准设计图集供设计选用，可避免构造做法反复抄袭及伴生的设计失误，保证节点构造在设计与施工两个方面均达到高质量。此外，对节点构造的研究、设计和施工实现专门化提出了更高的要求。

（3）低能耗。平法大幅度降低设计成本，降低设计消耗，节约自然资源。平法施工图是有序化定量化的设计图纸，与其配套使用的标准设计图集可以重复使用，与传统方法相比图纸量减少 70％左右，综合设计工日减少 2/3 以上，每 10 万 m^2 设计面积可降低设计成本 27 万元，在节约人力资源的同时还节约了自然资源。

（4）高效率。平法大幅度提高设计效率可以立竿见影，能快速解放生产力，迅速缓解基本建设高峰时期结构设计人员紧缺的局面。在推广平法比较早的建筑设计院，建筑设计人员与结构设计人员的比例已明显改变，结构设计人员在数量上已经低于建筑设计人员，有些设计院结构设计人员仅为建筑设计人员的 1/2～1/4，结构设计周期明显缩短，结构设计人员的工作强度已显著降低。

（5）改变用人结构。平法促进人才分布格局的改变，实质性地影响了建筑结构领域的人才结构。设计单位对工民建专业大学毕业生的需求量已经明显减少，为施工单位招聘结构人才留出了相当空间，大量工民建专业毕业生到施工部门择业渐成普遍现象，使人才流向发生了比较明显的转变，人才分布趋向合理。随着时间的推移，高校培养的大批土建高级技术人才必将对施工建设领域的科技进步产生积极作用。

（6）促进人才竞争。平法促动设计院内的人才竞争，促进结构设计水平的提高。设计单位对年度毕业生的需求有限，自然形成了人才的就业竞争，竞争的结果自然应为比较优秀的人才有较多机会进入设计单位，长此以往，可有效提高结构设计队伍的整体素质。

时隔 12 天，一篇题为《结构设计的一次飞跃》的文章在《中国建设报》头版显著位置刊出，一时间在中国建筑设计界产生了强烈共鸣。

时隔 10 年，平法已在我国全面普及。实践是检验真理的唯一标准，平法当年提出的各种新理念已经得到业界的普遍认同。

平法将会进入大学课程

当记者向陈青来求证平法的理想境界时，他坦陈，平法追求的是合理，而从不追求完美。因为从某种意义上讲，完美意味着终结。因此，平法追求的是一个过程，而非目标。在这个过程中平法会不断地否定自身，这也符合技术科学在否定之否定中前进的自然法则。按照发展规律，在未来数年的时间内，平法将会进入我国的大学课程。

陈青来教授进一步指出，随着平法在全国的普及和向纵深发展，我国构造研究相对薄弱的矛盾将会渐渐突出。在国内几十所建筑科学研究院所和几百所高等院校的土木工程院系中，专门从事构造研究的专家、教授为数不多。目前国内普遍采用的构造设计，大部分是对几十年前构造做法的逐步改进，其中概念设计的比重偏高，经过足尺试验的例子较少，经过多次反复试验取得更可靠数据的例子则更少。总之，构造研究在我国还不成规模，成果尚不显著。

我国高等工科院校侧重于传授结构设计基本原理，而构造原理讲授的很少，甚至基本不讲，新毕业的大学生基本不懂构造是不争的事实。在平法基本理论和方法中，集成化的标准构造设计是非常重要的组成部分，当平法将来得以进入大学课堂，土建专业的学生开始普遍应用平法进行课程设计和毕业设计时，我国的结构设计将全面进入平法时代。到那时，必将有更多的专家、教授对设计方法和构造研究产生更广泛的兴趣，从而促进我国的构造研究专门化和结构领域系统科学的研究。

我们也衷心期待着这一天的早日到来！

项目 2　梁平法识图与钢筋计算

【学习目标】

知识目标：

（1）了解梁平法施工图与传统施工图的特点。

（2）掌握梁平法施工图的识读。

（3）掌握梁钢筋工程量的计算。

能力目标：

（1）具备识读梁平法施工图的能力。

（2）能够计算梁钢筋的工程量。

素质目标：

（1）能够耐心细致地完成梁钢筋工程量的计算任务。

（2）具备一定的资料查找能力，能找到 03G101—1 与 06G901—1 中有关梁的平法制图规则与一般构造详图，以及与梁平法识图与钢筋计算相关的学习资料。

（3）具备一定的自学能力和解决问题的能力，能读懂 03G101—1 与 06G901—1 中关于梁的制图规则，并能根据相关规范与图集完成梁内钢筋工程量计算的工作任务。

（4）能够具备一定的团队合作精神，可以和同学讨论完成学习任务，能够与同事协作完成梁内钢筋工程量的计算任务。

任务 2.1　梁 平 法 识 图

梁是建筑物的主要受弯构件。建筑工程中常用的梁有框架梁、非框架梁、框支梁、井字梁、雨篷梁、过梁、圈梁、楼梯梁、基础梁、吊车梁和连系梁等。由于外力作用方式和支承方式的不同，各种梁的弯曲变形情况也不同，所以不同类型梁内配置钢筋的种类、形状及数量也不相同。但是，各种梁内配置钢筋的类别及作用却基本相同。梁内钢筋主要有以下 6 种，如图 2.1 所示。

1. 纵向受力钢筋（主筋）

纵向受力钢筋的主要作用是承受外力作用下梁内产生的拉力。因此，纵向受力钢筋应配置在梁的受拉区。

2. 弯起钢筋

弯起钢筋通常是有纵向钢筋弯起形成的。其主要作用是除在梁跨中承受正弯矩产生的

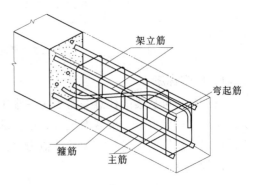

图 2.1　梁内部分钢筋示意图

拉力外，在梁靠近支座的弯起段还用来承受弯矩和剪力共同作用产生的主拉应力。平法图集中的构造没有采用弯起钢筋。

3. 架立钢筋

架立钢筋的主要作用是固定箍筋保证其正确位置，并形成一定刚度的钢筋骨架。同时，架立钢筋还能承受因温度变化和混凝土收缩而产生的应力，防止裂缝产生。架立钢筋一般平行纵向受力钢筋，放置在梁的受压区箍筋内的两侧。

4. 腰筋

配置在梁的两个侧面（俗称"腰部"），主要起构造作用或者抗扭作用。

5. 箍筋

箍筋的主要作用是承受剪力。此外，箍筋与其他钢筋通过绑扎或焊接形成一个整体性良好的空间骨架。箍筋一般垂直于纵向受力钢筋。

6. 拉筋

拉筋主要是拉住腰筋，主要是为提高钢筋骨架的整体性，起稳定腰筋作用。

梁平法施工图系在梁平面布置图上采用平面注写方式或截面注写方式表达梁的位置、尺寸与配筋等信息。

梁平面注写方式是在梁平面布置图上，分别在不同编号的梁中各选一根梁，在其上注写梁的截面尺寸和配筋的具体数值，包括集中标注和原位标注，如图2.2所示。集中标注表达梁的通用数值，原位标注表达梁的特殊数值。当集中标注中的某项数值不适用于梁的某部位时，则将该项数值用原位标注。使用时，原位标注取值优先。

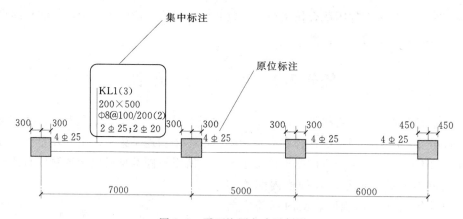

图2.2 平面注写方式示例图

2.1.1 集中标注

集中标注可从梁的任意一跨引出。集中标注的内容包括五项必注值和一项选注值。五项必注值包括梁编号、梁截面尺寸、梁箍筋、梁上部通长筋或架立筋配置、梁侧面纵向构造钢筋或受扭钢筋配置；一项选注值为梁顶面标高高差。

1. 梁编号

梁编号由梁类型、代号、序号、跨数及有无悬挑几项组成，见表2.1。

表 2.1   梁 编 号

序号	梁类型.	代号	序号	跨数及是否带有悬挑
1	楼层框架梁	KL	××	(××)、(××A) 或 (××B)
2	屋面框架梁	WKL	××	(××)、(××A) 或 (××B)
3	框支梁	KZL	××	(××)、(××A) 或 (××B)
4	非框架梁	L	××	(××)、(××A) 或 (××B)
5	悬挑梁	XL	××	
6	井字梁	JZL	××	(××)、(××A) 或 (××B)

注 A 表示一端悬挑，B 表示两端悬挑，悬挑段不计入跨数。

    例：KL2（2A）表示第 2 号框架梁，2 跨，一端悬挑；

        L9（7B）表示第 9 号非框架梁，7 跨，两端有悬挑；

        XL3 表示第 3 号悬挑梁。

为便于掌握，下面介绍表 2.1 中所指各种梁的定义及位置。

（1）楼层框架梁（KL）。《混凝土结构设计规范》（GB 50010—2002）定义框架结构是由梁和柱以刚接或铰接相连接而构成承重体系的结构。凡是在这种框架结构中的梁即为框架梁。处在楼层位置的框架梁称为楼层框架梁。

（2）屋面框架梁（WKL）。处在屋顶位置的框架梁称为屋面框架梁。

（3）框支梁（KZL）。这是用于高层建筑中支撑上部不落地剪力墙的梁。因为建筑功能的要求，下部需要大空间，上部部分竖向构件不能直接连续贯通落地，而通过水平转换结构与下部竖向构件连接，当布置的转换梁支撑上部的结构为剪力墙的时候，此梁称作框支梁。

（4）非框架梁（L）。框架结构中，在框架梁之间设置的将楼板的重量传给框架梁的其他梁就是非框架梁。

（5）悬挑梁（XL）。是只有一端有支撑，另一端悬挑的梁。

（6）井字梁（JZL）。是在同一矩形平面内，通常由非框架梁相互正交所组成的结构构件。梁的跨距相等或接近，梁的截面尺寸相等。

2. 梁截面尺寸

等截面梁用 $b \times h$ 表示；加腋梁用 $b \times h$ Y$C_1 \times C_2$ 表示（其中 C_1 为腋长，C_2 为腋高），如图 2.3 所示；悬挑梁当根部和端部不同时，用 $b \times h_1/h_2$ 表示（其中 h_1 为根部高，h_2 为端部高），如图 2.4 所示。

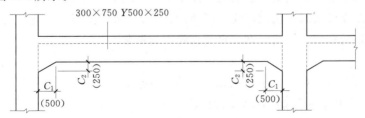

图 2.3 加腋梁截面尺寸注写示意图

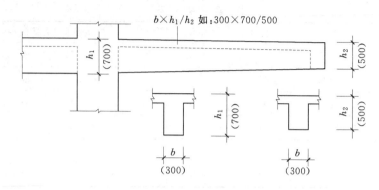

图 2.4 悬挑梁不等高截面尺寸注写示意图

3. 梁箍筋

抗震结构中的框架梁箍筋的表示包括钢筋级别、直径、加密区与非加密区间距及肢数。箍筋加密区与非加密区的不同间距及肢数需用斜线"/"分隔，如果加密区和非加密区的箍筋肢数不同，要分别写在各间距后的括号内，若相同只要最后写一次。箍筋加密区长度按相应抗震等级的标准构造详图采用。

例：Φ10@200（2）表示Ⅰ级钢筋、直径 10mm、间距 200mm、双肢箍；

Φ8@100/150（2）表示Ⅰ级钢筋、直径 8mm、加密区间距 100mm、非加密区间距150mm，均为双肢箍；

Φ10@100（4）/150（2）表示Ⅰ级钢筋、直径 10mm、加密区间距 100mm 为四肢箍、非加密区间距 150mm 为双肢箍。

箍筋的肢数是看梁同一截面内在高度方向箍筋的根数，如图 2.5 所示。

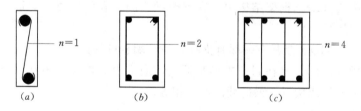

图 2.5 箍筋肢数示意图
（a）单肢箍；（b）双肢箍；（c）四肢箍

当抗震结构中的非框架梁、悬挑梁、井字梁、基础梁，及非抗震结构中的各类梁采用不同的箍筋间距及肢数时，也用斜线"/"将其分隔开来。注写时，先注写梁支座端部的箍筋（包括箍筋的箍数、钢筋级别、直径、间距与肢数），在斜线后注写梁跨中部分的箍筋间距及肢数。

15Φ10@150/200（4）表示Ⅰ级钢筋，直径 10mm，梁的两端各有 15 道四肢箍，间距 150mm，梁的中部间距 200mm，均为四肢箍；

18Φ12@150（4）/200（2），表示箍筋为Ⅰ级钢筋，直径为 12mm；梁的两端各有 18 道，四肢箍，间距为 150mm；梁跨中部分，间距为 200mm，双肢箍。

4. 梁上部通长筋或架立筋配置

梁上部通长筋即是全跨通长，当超过钢筋的定尺长度时，中间用焊接、搭接或机械连接方式接长，是抗震梁的构造要求。架立筋一般与支座负筋连接，只起骨架作用。

所注规格及根数应根据结构受力要求及箍筋肢数等构造要求而定。

(1) 当同排纵筋中既有通长筋又有架立筋时，应用加号"＋"将通长筋和架立筋相连。注写时须将角部纵筋写在加号的前面，架立筋写在加号后面的括号内，以示不同直径及与通长筋的区别。

例：2Φ20＋(4Φ12)，其中 2Φ20 为通长筋，4Φ12 为架立筋。

(2) 当梁的上部纵筋和下部纵筋均为全跨相同，且多数跨配筋相同时，可加注下部纵筋的配筋值，用分号"；"将上部与下部纵筋的配筋值分隔。

例：3Φ14；3Φ18 表示梁的上部配置 3Φ14 的通长筋，下部配置 3Φ18 的通长筋。

(3) 对于基础梁来说，上部贯通纵筋前要加上"T"，底部贯通纵筋前加上"B"。

例：B 3Φ16；T 3Φ18 表示基础梁底部贯通纵筋为 3Φ16，上部贯通纵筋为 3Φ18。

5. 梁侧面纵向构造钢筋或受扭钢筋配置

(1) 当梁腹板高度 H_w＞450mm 时，须配置符合规范规定的纵向构造钢筋。此项注写值以大写字母 G 开始，注写总数，且对称配置。

例：G4Φ12，表示梁的两个侧面共配置 4Φ12 的纵向构造钢筋，两侧各配置 2Φ12。

(2) 当梁侧面需配置受扭纵向钢筋时，此项注写值以大写字母 N 开始，注写总数，且对称配置。

例：N4Φ18，表示梁的两个侧面共配置 4Φ18 的受扭纵向钢筋，两侧各配置 2Φ18。

当配置受扭纵向钢筋时，不再重复配置纵向构造钢筋，但此时受扭纵向钢筋应满足规范对梁侧面纵向构造钢筋的间距要求。

6. 梁顶面标高高差

梁顶面标高高差为选注值。当梁顶面标高不同于结构层楼面标高时，需要将梁顶面标高相对于结构层楼面标高的高差值注写在括号内，无高差时不注。高于楼面为正值，低于楼面为负值。

例：(－0.050)，表示该梁顶面标高比该楼层的结构层标高低 0.05m。

2.1.2　原位标注

原位标注的内容包括：梁支座上部纵筋、梁下部纵筋、附加箍筋或吊筋。

1. 梁支座上部纵筋

原位标注的梁支座上部纵筋应为包括集中标注的通长筋在内的所有钢筋。

(1) 当梁支座上部钢筋多于一排时，用斜线"/"将各排纵筋自上而下分开。

例：6Φ20 4/2 表示支座上部纵筋共两排，上排 4Φ20，下排 2Φ20；

(2) 同排纵筋有两种直径时，用加号"＋"将两种直径的纵筋相连，且角部纵筋写在前面。

例：2Φ25＋2Φ22 表示支座上部纵筋共四根一排放置，其中角部 2Φ25，中间 2Φ22；

(3) 当梁中间支座左右的上部纵筋相同时，仅在支座的一边标注配筋值；否则，须在两边分别标注。

2. 梁下部纵筋

梁下部纵筋与上部纵筋标注类似,多于一排时,用斜线"/"将各排纵筋自上而下分开。同排纵筋有两种不同直径时,用加号"+"将两种直径的纵筋相连,且角部纵筋写在前面。

例:6Φ25 2/4 表示下部纵筋共两排,上排 2Φ25,下排 4Φ25,全部伸入支座。

当梁下部纵筋不全伸入支座时,将梁支座下部纵筋减少的数量写在括号内。

例:6Φ25 2(—2)/4 表示上排纵筋 2Φ25,不伸入支座,下排纵筋 4Φ25,全部伸入支座。

2Φ25+2Φ22(—2)/5Φ25,表示梁下部纵筋共有两排,上排 2Φ25 和 2Φ22,其中 2Φ22 不伸入支座,下排是 5Φ25,全部伸入支座。

3. 附加箍筋或吊筋

附加箍筋和吊筋直接画在平面图中的主梁上,用线引注总配筋值(附加箍筋的肢数注在括号内)。当多数附加箍筋或吊筋相同时,可在图中统一说明,少数与统一说明不一致者,再原位引注,如图 2.6 所示,配有吊筋 2Φ18,图 2.7 中配有箍筋 8Φ10(两边各四根),双肢。

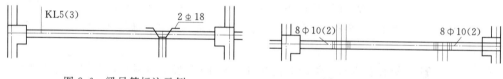

图 2.6　梁吊筋标注示例　　　　　　图 2.7　梁附加箍筋示例

2.1.3　梁的平法识读例题

【例 2.1】　如图 2.8 所示。

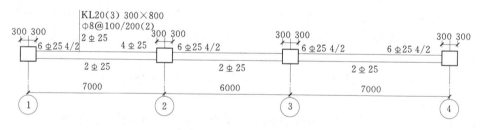

图 2.8　梁平法施工图

(1)从集中标注中读到:此梁为框架梁,序号 20;3 跨;矩形截面尺寸是宽 300mm,高 800mm;箍筋为Ⅰ级钢筋,直径为 8mm,加密区间距是 100mm,非加密区间距是 200mm,均为双肢箍;上部两根通长筋,为Ⅱ级钢筋,直径为 25mm。

(2)从原位标注中读到:从左至右依次称为 1 跨、2 跨、3 跨。

1)1 跨左支座上部有 6Φ25 纵筋(包括 2 根通长筋),共两排,上排 4Φ25,下排 2Φ25;1 跨跨中底部有 2Φ25 纵筋;1 跨右支座上部有 4Φ25 纵筋(包括 2 根通长筋)。

2)2 跨左支座上部有 6Φ25 纵筋(包括 2 根通长筋),共两排,上排 4Φ25,下排 2

⊕25；2跨跨中底部有2⊕20纵筋；2跨右支座上部和3跨左支座上部配筋相同，配有6⊕25纵筋（包括2根通长筋），上排4⊕25，下排2⊕25。

3）3跨跨中底部有2⊕25纵筋；3跨右支座配有6⊕25纵筋（包括2根通长筋），上排4⊕25下排2⊕25。

从以上叙述可知，原位标注的梁支座上部纵筋应为包括集中标注的通长筋在内的所有钢筋。

【例2.2】 如图2.9所示。

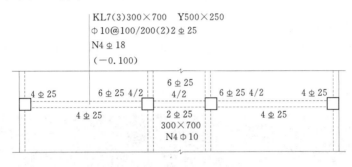

图 2.9　梁平法施工图

（1）从集中标注中读到：此梁为框架梁，序号为7，3跨；矩形截面尺寸宽为300mm，高为700mm，加腋部分腋长为500mm，腋高为250mm；箍筋为⊕10，加密区间距为100mm，非加密区间距为200mm，均为双肢箍；上部通长筋2⊕25；梁中部侧面配有4⊕18的受扭纵筋，即两边各配4⊕18；梁顶面标高比该结构层的楼面标高低0.1m。

（2）从原位标注中读到：

1）1跨左支座上部配有4⊕25纵筋；跨中底部配有4⊕25纵筋；右支座配有6⊕25纵筋，其中上排4根，下排2根。

2）2跨全跨上部配筋相同，皆为6⊕25上排4根，下排2根；侧面配有4⊕10的受扭；纵筋底部配有2⊕25的纵筋；截面尺寸是300mm×700mm（不加腋）。

3）3跨和1跨配筋对称，不再赘述。

本例中梁平法施工图所对应的梁立面图如图2.10所示。

从以上叙述可知，当集中标注不适合某跨时，该跨要以原位标注为准。

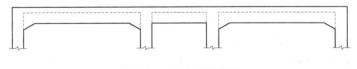

图 2.10　梁立面示意图

【例2.3】 如图2.11所示。

（1）从集中标注中读到：此梁为非框架梁，序号2，2跨；截面尺寸为宽200mm，高400mm；箍筋为直径10mm的Ⅰ级钢筋，间距200mm，双肢箍。

（2）从原位标注中读到：

1）1跨左支座上部配有2⊕20纵筋，跨中上部配有2⊕16的架立筋；跨中下部配有

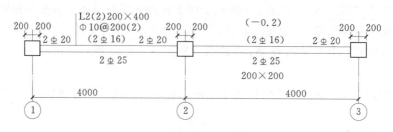

图 2.11　梁平法施工图

$2 \Phi 25$ 的纵筋；右支座上部配有 $2 \Phi 20$ 的纵筋。

2）2 跨配筋与 1 跨相同，截面尺寸位为 200mm×200mm；顶面标高比该结构层的楼面标高低 0.2m。

本例中梁平法施工图所对应的梁立体图如图 2.12 所示。

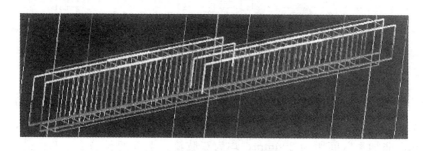

图 2.12　梁立体示意图

【例 2.4】　如图 2.13 所示。

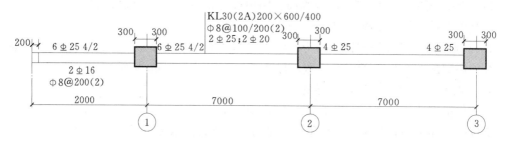

图 2.13　梁平法施工图

（1）从原位标注读倒：此梁为框架梁，序号为 30，2 跨，一端悬挑；截面尺寸为宽 200mm，高 600mm，悬挑端部宽 200mm，高 400mm；箍筋是直径为 8mm 的 I 级钢筋，加密区间距是 100mm，非加密区间距 200mm，均为双肢箍；梁的上部配有 2 根直径为 25mm 的通长筋，Ⅱ级钢筋；下部配有 2 根直径为 20mm 的通长筋，Ⅱ级钢筋。

（2）从集中标注中读到：

1）悬挑跨全跨上部配有 $6 \Phi 25$ 的纵筋，其中上排 4 根，下排 2 根；下部配有 $2 \Phi 16$ 的纵筋；箍筋是 $\Phi 8$，间距 200，双肢箍。

2）1 跨左支座上部配有 $6 \Phi 25$ 的纵筋，其中上排 4 根，下排 2 根，右支座上部配有 4

Φ25 的纵筋。

3) 2 跨左支座和右支座的上部皆配有 4Φ25 的纵筋。

本例中梁平法施工图所对应的梁立体图如图 2.14 所示。

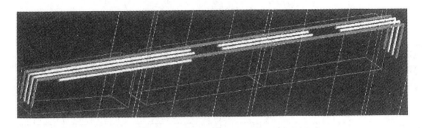

图 2.14 梁立体示意图

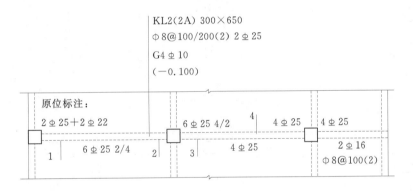

图 2.15 梁平法施工图

【例 2.5】 根据图 2.15 所示的梁平法施工图，可以画出所对应的采用传统施工图表示方法表示的四个截面图（图 2.16）。

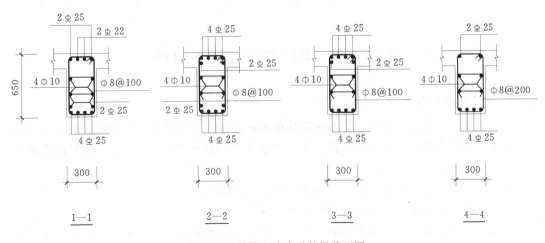

图 2.16 传统方式表示的梁截面图

2.1.4 截面注写方式

系在梁平面布置图上，分别在不同编号的梁中各选择一根梁，用剖面号引出配筋图，并在其上注写梁的截面尺寸和配筋具体数值，如图 2.17 所示。

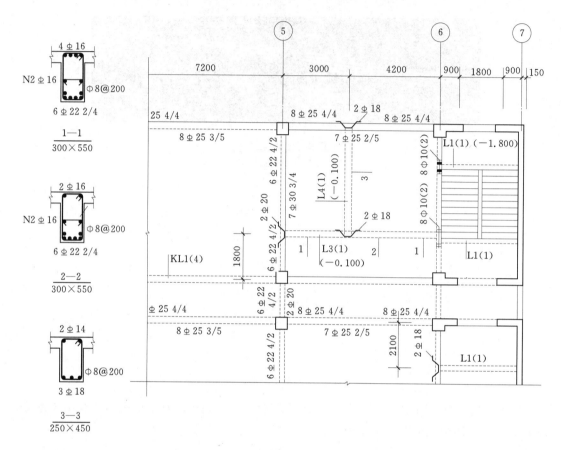

图 2.17 梁截面注写示例图

任务 2.2 梁钢筋计算基本原理

2.2.1 梁中钢筋的种类

从任务 2.1 中我们了解到梁中各种钢筋的表示方法，也知道梁中钢筋的种类较多，所以计算钢筋工程量的时候就必须按照一定的顺序计算，否则可能会重复或者遗漏计算某些钢筋。

下面结合梁平法施工图（图 2.18）从梁的上部纵筋、中部纵筋、下部纵筋、其他钢筋的顺序，总结一下梁中主要需要计算的钢筋种类。

下面将根据以表 2.2 所列的钢筋顺序，分别介绍各种不同类型的梁中的钢筋长度的计算方法。

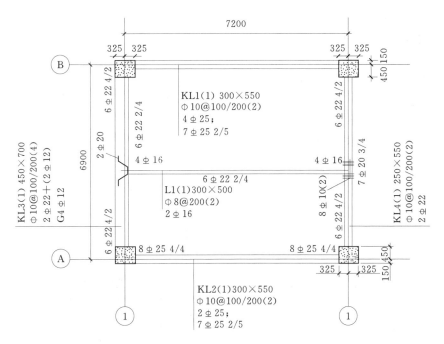

图 2.18　梁平法施工图示例

表 2.2　　　　　　　　　　　　梁中钢筋种类汇总表

部位	钢筋名称	图 2.18 中钢筋平法表示举例
梁上部纵筋	上部通长筋	KL1 中集中标注的 4 Φ 25 表示上部通长筋
	支座负筋	KL2 中左端支座处标注的 8 Φ 25 4/4，结合集中标注可以知道，左端支座处第一排支座负筋为 2 Φ 25，第二排支座负筋为 4 Φ 25
	架立筋	KL3 中集中标注的（2 Φ 12）表示架立筋
梁中部纵筋	构造腰筋	KL3 中集中标注的 G4 Φ 12 表示构造钢筋
	受扭腰筋	与构造钢筋表示方法类似，以 N 开始
梁下部纵筋	下部通长筋	KL1 中集中标注的 7 Φ 25 2/5 表示下部通长筋
	下部非通长筋	在多跨梁中，在本跨左右支座直接锚固的钢筋
	不伸入支座的下部纵筋	在括号内用减号注明根数，如 6 Φ 25 2（-2）/4
梁其他钢筋	箍筋	KL1 中集中标注的 Φ 10@100/200（2）表示箍筋；KL4 与 L1 交叉处的 8 Φ 10（2）表示附加箍筋
	拉筋	设置了构造钢筋或受扭钢筋的均有拉筋，在图上不表示
	吊筋	KL3 与 L1 交叉处的 2 Φ 20 表示吊筋

2.2.2　梁钢筋的计算

从任务 2.1 可知，梁内主要有楼层框架梁、屋面框架梁、框支梁、非框架梁、悬挑梁、井字梁等几种类型，各种梁的受力情况不一样，所以配筋也不尽相同，在实际工程中，要根据结构设计工程师的设计图纸和结构设计工程师选用的图集来计算每根钢筋的长度。由于现在大部分设计中选用的图集是 03G101—1，下面根据此图集中的节点构造详图来介绍各种梁中各种钢筋长度的计算。

2.2.2.1 楼层框架梁（KL）钢筋的计算

1. 抗震楼层框架梁的计算

某楼层框架梁平法表示如图 2.19 所示，已知条件有：

①构件所在环境为室内正常环境；②构件抗震级别为一级；③梁、柱混凝土等级均为 C30。

下面结合已知条件和图 2.19 介绍楼层框架梁中各种钢筋长度的计算方法。

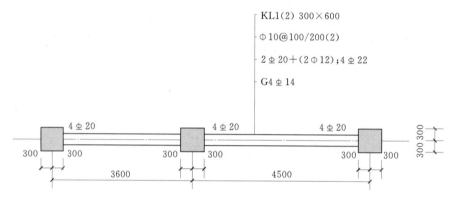

图 2.19　楼层框架梁平法表示示例

（1）上部通长筋的计算。根据图 2.19 所示，可知此梁的上部通长筋为 2Φ20（2 根直径为 20mm 的 Ⅱ 级钢筋），上部通长筋在梁中的布置情况为：框架梁上部通长筋（亦称"贯通筋"）在整根梁内全线贯通（当钢筋不够长时可以接长，连接接头的个数与连接长度的计算方法见"项目 1"，此处暂不计，实际工程的计算中需根据连接方式按要求计算），并锚入左右两端支座内（注意：柱为梁的支座）。

所以，上部通长筋的计算式为

上部通长筋长度＝通跨净长＋左支座锚固长度＋右支座锚固长度

端支座的锚固有两种形式：一种是直锚如图 2.20 所示；一种是弯锚，如图 2.21 所示。

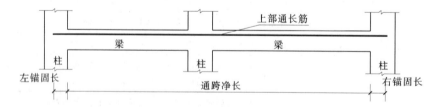

图 2.20　上部通长筋直锚示意图

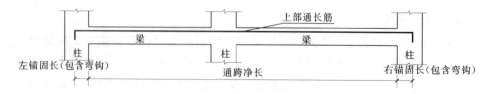

图 2.21　上部通长筋弯锚示意图

通跨净长的计算很简单，如图 2.16 中，该梁通跨净长为 $3600+4500-300-300=7500(mm)$。关键就是左右支座锚固长度的计算。上部通长筋有直锚和弯锚两种形式，采用哪种锚固方式应根据抗震楼层框架梁边支座的锚固规定：

1）柱沿梁方向的宽度 h_c—柱的保护层厚 $c \geqslant L_{aE}$ 时，则可以直锚，直锚长度必须满足受力钢筋最小锚固长度 L_{aE}（非抗震构造中为 L_a，下同），且要超过柱中线 $5d$（d 为钢筋直径），即

$$直锚锚固长度＝\max (L_{aE}，0.5h_c+5d)（图 2.22）$$

2）柱沿梁方向的宽度 h_c—柱的保护层厚 $c < L_{aE}$ 时，则采用弯锚，钢筋伸至支座边（柱纵筋内侧）再往下弯 $15d$，即

$$弯锚锚固长度＝边支座宽度 h_c—保护层 c+15d（图 2.23）$$

注意：弯锚时，平直段长度应不小于 $0.4L_{aE}$，否则应修改设计保证满足此条件。

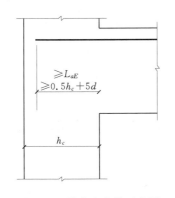

图 2.22　端支座直锚示意图

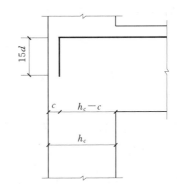

图 2.23　端支座弯锚示意图

在图 2.19 中，根据已知条件查附表 7、附表 2 和附表 4 可知：柱的保护层厚度 $c=30mm$，$L_{aE}=34d=34 \times 20=680(mm)$。

在左端支座，因为柱沿梁方向的宽度 h_c—柱的保护层厚 $c=600-30=570 < L_{aE}$，所以此梁的上部通长筋在左端支座应该弯锚。

左端支座弯锚锚固长度＝边支座宽度 h_c—保护层 $c+15d=600-30+15 \times 20=870(mm)$

右端支座同左端，所以，上部通长筋单根长为：

$$L=7500+870 \times 2=9240(mm)$$

上式假设钢筋定尺长度超过此长度，暂不计算搭接长度，以下同。

查附表 1 可知直径为 $20mm$ 的钢筋单位长度质量为 $2.466kg/m$，所以上部通长筋总质量为

$$M=9.24 \times 2 \times 2.466=45.57(kg)$$

（2）支座负筋的计算

支座负筋包括边支座负筋（分第一排和第二排）和中间支座负筋（分第一排和第二排），如图 2.24 所示。

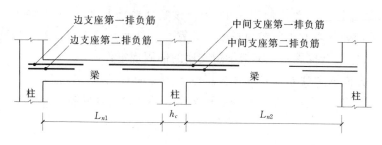

图 2.24　支座负筋示意图

从图 2.24 中可以看出：

$$支座负筋长度＝伸入支座内的长度＋伸入跨内的长度$$

1）边支座负筋的计算。在边支座内的锚固形式判断与锚固长度计算同上部通长筋；伸入边跨内的长度为（图 2.25）：第一排负筋伸入边跨内为净跨长的 1/3；第二排负筋伸入边跨内为净跨长的 1/4，即

$$第一排边支座负筋长＝\frac{L}{3}n＋边支座锚固长度$$

$$第二排边支座负筋长＝\frac{L}{4}n＋边支座锚固长度$$

式中　L_n——边跨的净跨长。

在图 2.19 中，只布置有一排支座负筋，左右两端支座负筋均为弯锚固，且锚固长度均为 870mm，所以有

$$左端支座负筋单根长度＝\frac{1}{3}×（3600－300－300）＋870＝1870（mm）$$

$$左端支座负筋单根长度＝\frac{1}{3}×（4500－300－300）＋870＝2170（mm）$$

2）中间支座负筋的计算。第一排负筋伸入两边支座内的长度为净跨长的 1/3，第二排负筋伸入两边支座内的长度为净跨长的 1/4，如图 2.25 所示。其中，净跨长度取本支座左右的相邻两跨的净跨最大值，即

$$第一排中间支座负筋＝2×\frac{L}{3}n＋本支座宽度$$

$$第二排中间支座负筋＝2×\frac{L}{4}n＋本支座宽度$$

式中　L_n——本支座左右的相邻两跨的净跨最大值。

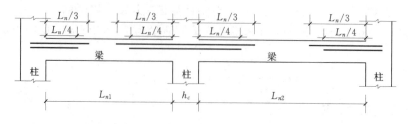

图 2.25　支座负筋计算示意图

在图 2.19 中，中间支座只布置有一排负筋，中间支座左右两跨的净跨长分别为 3000mm、3900mm，所以有

$$中间支座负筋单根长度 = 2 \times \frac{1}{3} \times \max(3000,3900) + 600 = 3200(mm)$$

（3）架立筋的计算。架立筋是与两边的支座负筋搭接，起到架立箍筋的作用，与支座负筋的搭接长度为 150mm，如图 2.26 所示，所以，单根架立筋的长度计算式为

$$架立筋长 = 本跨净跨长 - 本跨左支座负筋净长 - 本跨右支座负筋净长 + 150 \times 2$$

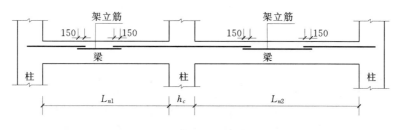

图 2.26　架立筋布置示意图

在图 2.19 中，第一跨的左端支座负筋净长为 $\frac{1}{3} \times 3000 = 1000(mm)$，第一跨右端支座负筋净长为 $\frac{1}{3} \times \max(3000,3900) = 1300(mm)$；第二跨的左右两端支座负筋净长均为 1300mm。所以有

$$第一跨架立筋单根长 = 3000 - 1000 - 1300 + 150 \times 2 = 1000(mm)$$
$$第二跨架立筋单根长 = 3000 - 1300 - 1300 + 150 \times 2 = 700(mm)$$

（4）构造腰筋、受扭腰筋的计算。构造钢筋与受扭钢筋配置在梁的"腰部"，所以俗称"腰筋"，配置了受扭钢筋后就不必配置构造钢筋。所以对于一根梁来说，构造腰筋与受扭钢筋只计算其一（看设计图如何配置）。

侧面构造腰筋的搭接和锚固长度均为 $15d$，抗扭腰筋锚固长度为 L_{aE}（抗振）或 L_a（非抗震）。所以有

$$构造腰筋长 = 净跨 + 15d \times 2$$

$$受扭腰筋长 = 净跨 + 锚固长度 \times 2$$

（5）下部通长筋的计算。计算方法同上部贯通筋，此处不再赘述。

（6）下部非通长筋的计算。在设计时，对于支座两边不同配筋值的上部纵筋，宜尽可能选用相同直径（不同根数），使其贯穿其支座，避免支座两边不同直径的上部纵筋均在支座内锚固。所以，当设计图中下部通长筋为集中标注时，均按贯通中间支座计算；当有原位标注且中间支座的左右两跨下部纵筋直径不同时，宜按照非通长筋计算，即按照在本支座内锚固计算。

$$下部非通长筋长度 = 本身净跨 + 左锚固 + 右锚固$$

锚固形式与长度同上部贯通筋，中间支座一般可以采用直锚。

（7）不伸入支座的下部纵筋的计算。如图 2.27 所示，可知

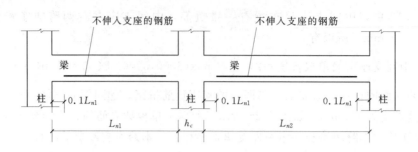

图 2.27　不伸入支座的下部纵筋布置示意图

不伸入支座的下部纵筋长＝净跨－左边 0.1×净跨－右边 0.1×净跨＝0.8×净跨

（8）箍筋的计算。

箍筋总长度＝单根箍筋长×总根数

1）单根箍筋长度的计算。箍筋的布置一般都按照左右对称的原则，如果是双肢箍，则只有一个大箍；如果是四肢箍或者六肢箍，则采用大箍套小箍，如图 2.28 所示。

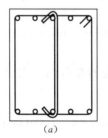 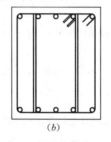 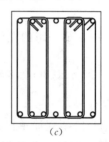

图 2.28　箍筋构造示意图
(a) 三肢箍；(b) 四肢箍；(c) 六肢箍

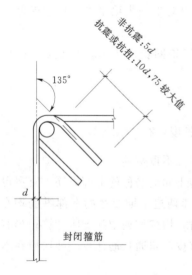

箍筋应箍住纵向受力钢筋，除焊接封闭环式箍筋外，箍筋末端应做弯钩，弯钩长度应根据设计文件中的弯钩形式计算，当设计没有说明时，应做 135°的弯钩，箍筋弯钩平直段长度：对一般结构，取箍筋直径的五倍；对有抗震、抗扭等要求的结构，取箍筋直径的 10 倍和 75mm 中的较大值，如图 2.29 所示。

大箍筋单根长度＝$2(b+h)-8×$保护层 c
　　　　　　　$+8d+1.9d×2+\max(10d,75\text{mm})×2$

式中　d——箍筋直径。

至于单肢箍与大箍内的小箍，计算原理同大箍，因为构造方式多样，应根据具体设计文件来计算。

2）箍筋根数的计算。梁箍筋的布置方式如图 2.30 所示，应从离支座 50mm 远的距离开始布置第一根箍筋，一级抗震（二至四级抗震）加密区为靠近支座处 $2h_b(1.5h_b)$ 的范围内，h_b 为梁高，梁跨内中间段为非加密区。

一级抗震楼层框架梁箍筋根数计算式为

图 2.29　箍筋弯钩构造示意图

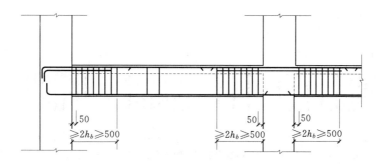

一级抗震等级楼层框架梁 KL、WKL

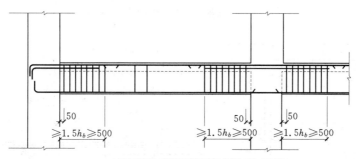

二至四级抗震等级楼层框架梁 KL、WKL

图 2.30　箍筋布置示意图

加密区根数＝（2×梁高－50）/加密间距＋1

非密区根数＝（净跨长－左加密区－右加密区）/非加密间距－1

总根数＝加密×2＋非加密

二至四级抗震楼层框架梁箍筋根数计算式为

加密区根数＝（1.5×梁高－50）/加密间距＋1

非密区根数＝（净跨长－左加密区－右加密区）/非加密间距－1

总根数＝加密×2＋非加密

（9）拉筋的计算。

拉筋总长度＝单根拉筋长×总根数

拉筋应同时勾住纵筋与箍筋，拉筋弯钩的构造与箍筋相同，如图 2.31 所示。当梁宽不大于 350mm 时，拉筋直径为 6mm；梁宽大于 350 时，拉筋直径为 8mm，拉筋间距为非加密区箍筋间距的两倍。当设有多排拉筋时，上下两排拉筋竖向错开设置，如图 2.32 所示。

1）单根拉筋长度的计算。如图 2.33 所示，可知

拉筋长度＝（梁宽 b－2×保护层 c）＋2×箍筋直径 D

$$+2d+1.9d×2+\max(10d,75\text{mm})×2$$

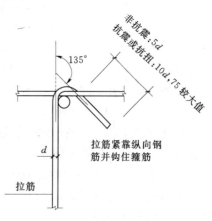

图 2.31　拉筋弯钩构造示意图

43

式中　d——拉筋直径。

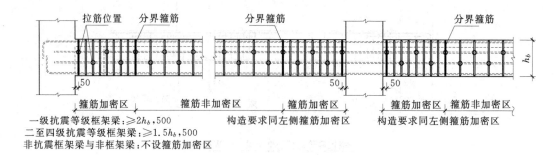

图 2.32　梁箍筋、拉筋排布构造详图

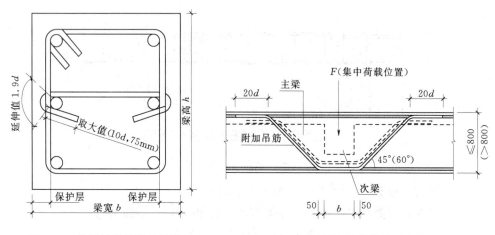

图 2.33　拉筋长度计算示意图　　　图 2.34　附加吊筋构造形式之一

2）拉筋根数的计算。

一排拉筋的根数＝（净跨－2×50）/非加密间距×2＋1

如果布置有两排拉筋，则第二排拉筋的根数比第一排拉筋的根数少1。

（10）吊筋的计算。当次梁通过主梁时，为了承受次梁带来的集中荷载，主梁上面可能设置有附加吊筋，附加吊筋的常规构造如图2.34所示，此种构造下有

单根吊筋长度＝次梁宽 b＋2×50＋2×（主梁高 h－2×主梁保护层 c）/$\sin A$＋2×20d

根据主梁梁高，起弯角 A 不同，主梁高不大于 800mm 时，起弯角 A 为 45°，主梁高大于 800mm 时，起弯角 A 为 60°。

平法图集中还有其他形式的吊筋构造形式，当设计文件采用其他构造形式时，按照具体设计计算，计算原理相同。

2. 非抗震楼层框架梁钢筋的计算

类似抗震楼层框架梁，非抗震楼层框架梁纵筋在支座处也有直锚和弯锚两种形式，端支座弯锚构造和中间支座直锚构造如图2.35所示，端支座直锚构造如图2.36所示，中间支座弯锚构造如图2.37所示。

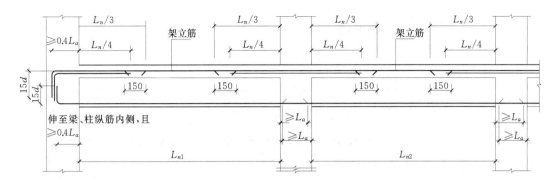

图 2.35　非抗震楼层框架梁端支座弯锚与中间支座直锚构造

非抗震楼层框架梁钢筋的计算与抗震楼层框架梁钢筋的计算原理相同，具体计算时，与抗震楼层框架梁不同的地方主要有两点：一是最小锚固长度参数由 L_{aE} 变成 L_a；二是直锚时不用满足超过柱中线 $5d$。

2.2.2.2　屋面框架梁（WKL）钢筋的计算

1. 抗震屋面框架梁钢筋的计算

抗震屋面框架梁纵向钢筋端支座锚固有两种形式：一种是"柱包梁"形式（图 2.38）；一种是"梁包柱"形式（图 2.39）。抗震屋面框架梁纵向钢筋选用其中哪种形式，应看柱纵筋是哪种形式，两者要对应。

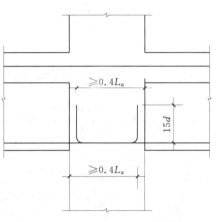

图 2.36　非抗震楼层框架梁
中间支座弯锚构造

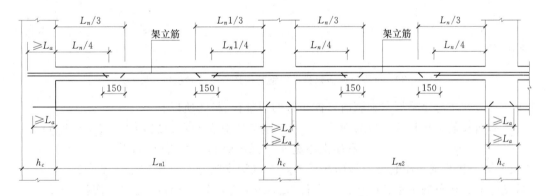

图 2.37　非抗震楼层框架梁端支座弯锚构造

（1）"柱包梁"形式抗震屋面框架梁纵向钢筋计算。"柱包梁"形式的抗震屋面框架梁钢筋的布置，除了纵筋在端支座的锚固与楼层框架梁不相同外，其余都相同。所以，计算抗震屋面框架梁的钢筋时，除了上部纵筋与下部纵筋计算与抗震楼层框架梁纵向钢筋的计算有些区别外，其余均相同。

1）抗震屋面框架梁上部纵筋的计算。抗震屋面框架梁上部纵筋在端支座锚固时，应

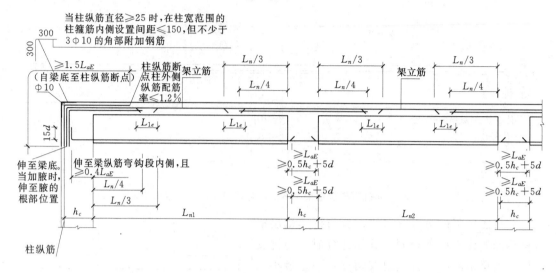

图 2.38 抗震屋面框架梁纵向钢筋构造一（"柱包梁"形式）

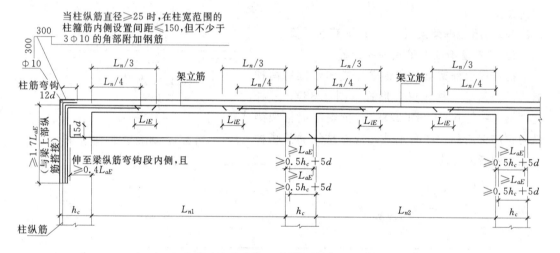

图 2.39 抗震屋面框架梁纵向钢筋构造二（"梁包柱"形式）

伸至柱对边并下弯至梁底（加腋时，伸至腋的根部位置），所以有

上部通长筋单根长度＝通跨净长 L_n＋（左端支座宽 h_c－保护层 c）＋弯折（梁高 h）

$$＋（右端支座宽 h_c－保护层 c）＋弯折（梁高 h）$$

端支座第一排负筋单根长度＝该跨净长 $L_{n1}/3$＋（端支座宽 h_c－保护层 c）＋弯折（梁高 h）

端支座第二排负筋单根长度＝该跨净长 $L_{n1}/4$＋（端支座宽－保护层 c）＋弯折（梁高 h）

2）抗震屋面框架梁下部纵筋的计算。抗震屋面框架梁下部纵筋在端支座均采用弯锚，伸至梁纵筋弯勾段内侧再弯 $15d$，即

下部通长筋单根长度＝通跨净长 L_n＋（左端支座宽 h_c－保护层 c）

$$＋15d＋（右端支座宽 h_c－保护层 c）＋15d$$

（2）"梁包柱"形式抗震屋面框架梁纵向钢筋计算。"梁包柱"形式抗震屋面框架梁纵向钢筋的布置，与"柱包梁"形式的抗震屋面框架梁纵向钢筋的布置基本相同，不同点只

是上部纵筋在端支座锚固时，应伸至柱对边并往下弯 $1.7L_{aE}$，所以有

上部通长筋单根长度＝通跨净长 L_n＋（左端支座宽 h_c－保护层 c）＋弯折（$1.7L_{aE}$）

＋（右端支座宽 h_c－保护层 c）＋弯折（$1.7L_{aE}$）

（3）抗震屋面框架梁箍筋的计算。抗震屋面框架梁箍筋的计算方法同楼层框架梁，注意一级抗震和二至四级抗震时，加密区区间长度的区别。

2. 非抗震屋面框架梁钢筋的计算

类似抗震屋面框架梁，非抗震屋面框架梁纵筋构造也有两种形式，如图 2.40 和图 2.41 所示。

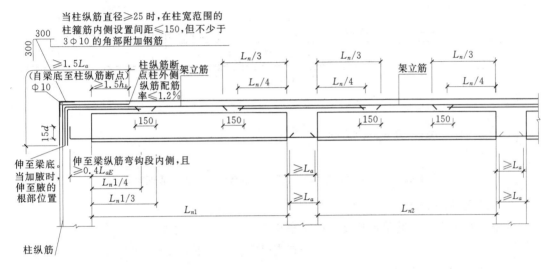

图 2.40　非抗震屋面框架梁纵筋构造一（"柱包梁"形式）

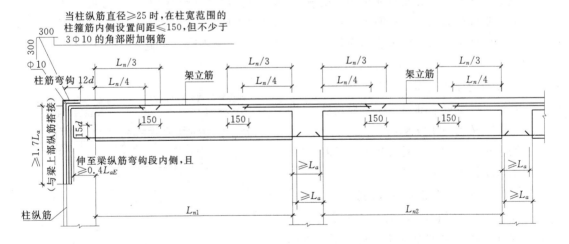

图 2.41　非抗震屋面框架梁纵筋构造二（"梁包柱"形式）

非抗震屋面框架梁钢筋的计算与抗震屋面框架梁钢筋的计算原理相同，具体计算时，与抗震屋面框架梁不同的地方主要也有两点：一是最小锚固长度参数由 L_{aE} 变成 L_a；二是直锚时不用满足超过柱中线 $5d$。

2.2.2.3　非框架梁（L）钢筋的计算

非框架梁一般以主梁（框架梁）为支座，非框架梁（L）的配筋构造如图 2.42 所示，非框架梁的配筋与框架梁的钢筋构造的不同之处在于：①普通梁箍筋设置时不再区分加密区与非加密区；②上部纵筋应弯锚；③下部纵筋锚固时，锚固长度只需要满足 $12d$（直形梁）或 L_a（弧形梁）就可以直锚，否则才需要弯锚；④端支座上部第一排支座负筋（非通长筋）的截断点为 $L_{n1}/5$。

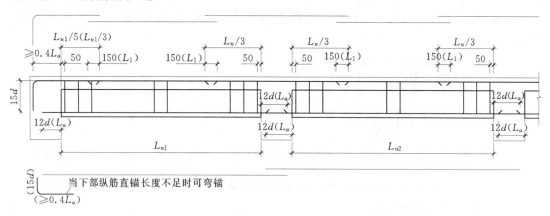

图 2.42　非框架梁配筋构造（括号内的数字用于弧形非框架梁）

1. 上部通长筋计算

非框架梁上部通长筋单根长度＝通跨净长 L_n＋（左支座宽 h_c－保护层 c＋弯折 $15d$）

＋（右支座宽 h_c－保护层 c＋弯折 $15d$）

2. 上部非通长筋计算

直形非框架梁端支座负筋单根长度＝$L_{n1}/5$＋（支座宽 h_c－保护层 c＋弯折 $15d$）

弧形非框架梁端支座负筋单根长度＝$L_{n1}/3$＋（支座宽 h_c－保护层 c＋弯折 $15d$）

非框架梁中间支座负筋单根长度＝（$L_{n1}/3$）×2＋中间支座宽 h_c

式中　L_{n1}——相邻两跨净长的较大值。

3. 下部通长筋计算

直形非框架梁下部通长筋单根长度
＝通跨净长 L_n＋$12d$×2

弧形非框架梁下部通长筋单根长度
＝通跨净长 L_n＋L_a×2

2.2.2.4　悬挑梁（XL）钢筋的计算

纯悬挑梁（XL）钢筋的构造形式如图 2.43 所示，各类外伸梁悬挑端构造形式如图 2.44 所示，悬挑部分的钢筋布置示意图如图 2.45 所示。

纯悬挑在支座处有直锚和弯锚两种形式，当纵向钢筋直锚长度不小于 L_a 且不小于

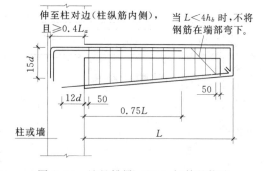

图 2.43　纯悬挑梁（XL）钢筋的构造

$0.5h_c$＋$5d$ 时，可不必往下弯锚，当直锚伸至对边仍不足 L_a 时，则应按图示弯锚；当直

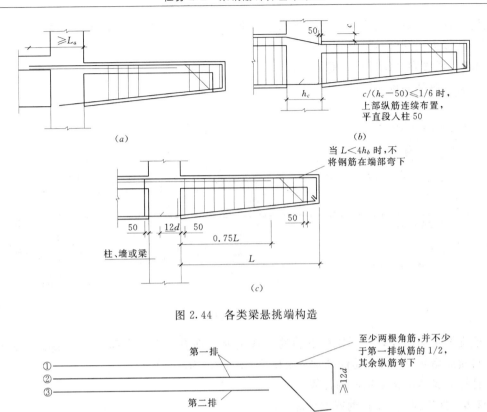

图 2.44　各类梁悬挑端构造

图 2.45　悬挑部分的钢筋布置示意图

锚伸至对边仍不足 $0.4L_a$ 时，则应采用较小直径的钢筋（由设计师确定）。

（1）直锚时钢筋长度的计算。

①号钢筋长＝max $[L_a, (0.5h_c+5d)]$＋（悬挑端长度 L－保护层厚度 c）＋$12d$

②号钢筋长＝max $[L_a, (0.5h_c+5d)]$＋（悬挑端长度 L－保护层厚度 c）＋0.414
　　　　　　　×（梁高 h_b－2×保护层厚度 c）

③号钢筋长＝max $[L_a, (0.5h_c+5d)]$＋0.75×悬挑长度 L

④号钢筋长＝悬挑长度 L－保护层厚度 c＋$12d$

（2）弯锚时钢筋长度的计算。

①号钢筋长＝（支座宽 h_c－保护层厚度 c）＋$15d$＋（悬挑端长度 L－保护层厚度 c）＋$12d$

②号钢筋长＝（支座宽 h_c－保护层厚度 c）＋$15d$＋（悬挑端长度 L－保护层厚度 c）
　　　　　　　＋0.414×（梁高 h_b－2×保护层厚度 c）

③号钢筋长＝（支座宽 h_c－保护层厚度 c）＋$15d$＋0.75×悬挑长度 L

④号钢筋长＝悬挑长度 L－保护层厚度 c＋$12d$

（3）外伸悬挑梁钢筋的计算。

外伸悬挑梁钢筋的计算与纯悬挑梁钢筋的计算基本相同，不同之处在于外伸悬挑梁钢筋与跨中钢筋是贯通支座而过的，所以要与跨中部分的连通钢筋一起计算长度，挑出部分的钢筋计算方法同纯悬挑梁钢筋的计算。

2.2.2.5　框支梁（KZL）钢筋的计算

框支梁钢筋的构造如图 2.46 所示。

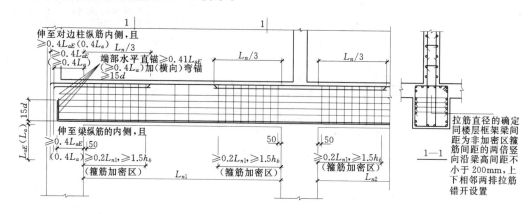

图 2.46　框支梁钢筋的构造

框支梁钢筋的计算与框架梁钢筋的计算主要区别有：①梁中部筋伸至梁端部水平直锚，再横向弯折 $15d$；②箍筋的加密范围为 max（$0.2L_{n1}$，$1.5h_b$）。

计算时参考框架梁钢筋的计算。

2.2.2.6　井字梁（JZL）钢筋的计算

井字梁就是不分主次，高度相当的梁，同位相交，呈井字形。井字梁的平面布置图如图 2.47 所示，钢筋构造图如图 2.48 和图 2.49 所示。井字梁钢筋的计算请参照非框架梁，

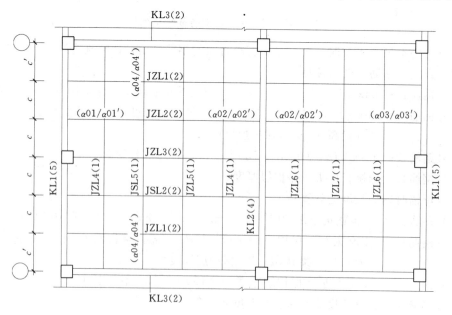

图 2.47　井字梁的平面布置图

注意井字梁交叉时箍筋的布置。

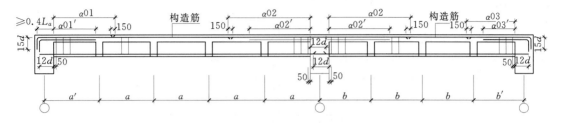

图 2.48　井字梁［JZL2（2）］配筋构造

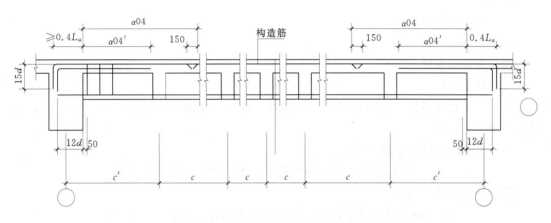

图 2.49　井式梁［JZL5（1）］配筋构造

任务 2.3　梁钢筋计算实例

【例 2.6】　计算图 2.50 所示梁平法施工图中所有钢筋的工程量，填写钢筋用量表 2.3（不考虑接长连接）。计算条件为：

（1）构件所在环境为室内正常环境。

（2）构件抗震级别为一级。

（3）梁、柱混凝土等级均为 C35。

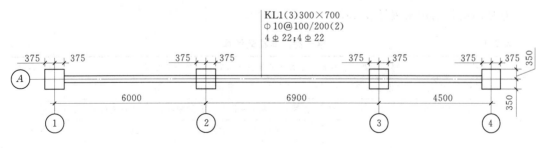

图 2.50　梁平法施工图实例——［例 2.6 图］

表 2.3　　　　　　　　　　　　　　　钢　筋　用　量　表

钢筋名称	级别	直径	单根长度 (m)	根数	总长 (m)	理论重量 (kg/m)	总重 (kg)
合计（kg）							

【分析】

要计算的钢筋有：

（1）上部通长筋 4 Φ 22。

（2）下部通长筋 4 Φ 22。

（3）箍筋 Φ 10。

解： 根据已知条件，分别查附表 2 和附表 4 可知，柱的保护层厚度 $c = 30\text{mm}$，最小锚固长度 $L_{aE} = 31d$。

（1）上部通长筋 4 Φ 22 计算。

$$上部通长筋长度＝总净跨长＋左支座锚固＋右支座锚固$$

判断是直锚还是弯锚：

$$h_c－柱的保护层厚 c＝750－30＝720 \geqslant L_{aE}＝31d＝682(\text{mm})$$

所以可以直锚，锚固长度为 682mm

$$总净跨长＝6000＋6900＋4500－375 \times 2＝16650(\text{mm})$$

$$上部通长筋长度＝16650＋682＋682＝18014(\text{mm})$$

（2）下部通长筋 4 Φ 22 计算。同上部通长筋。

（3）箍筋计算。

$$\begin{aligned}单根箍筋长度 &＝2(b＋h)－8 \times 保护层＋8d＋1.9d \times 2＋\max(10d,75) \times 2\\ &＝2 \times (300＋700)－8 \times 30＋8 \times 10＋1.9 \times 10 \times 2＋\max(10 \times 10,75) \times 2\\ &＝2078(\text{mm})\end{aligned}$$

箍筋根数计算见表 2.4～表 2.6。

最后填写钢筋用量表见表 2.7。

表 2.4　　　　　　　　　　　　　　第一跨箍筋根数计算

方法	箍筋根数＝左加密区根数＋非加密区根数＋右加密区根数		根数合计
计算过程	左右加密区根数计算	非加密区根数计算	加密区＋非加密区
	$(2 \times 梁高 h_b－50)/加密间距＋1$	(净跨长－左加密区长－右加密区长)/非加密间距－1	
	$(2 \times 700－50)/100＋1$	$(6000－375 \times 2－700 \times 2 \times 2)/200－1$	
	15 根	12 根	
计算式	$15 \times 2＋12＝42$ 根		42 根

表2.5　　　　　　　　　　　　　　　　**第二跨箍筋根数计算**

方法	箍筋根数＝左加密区根数＋非加密区根数＋右加密区根数		根数合计
计算过程	左右加密区根数计算	非加密区根数计算	加密区＋ 非加密区
	$(2×梁高 h_b - 50)/加密间距+1$	(净跨长－左加密区长－右加密区长)/非加密间距－1	
	$(2×700-50)/100+1$	$(6900-375×2-700×2×2)/200-1$	
	15根	16根	
计算式	$15×2+16=46$ 根		46根

表2.6　　　　　　　　　　　　　　　　**第三跨箍筋根数计算**

方法	箍筋根数＝左加密区根数＋非加密区根数＋右加密区根数		根数合计
计算过程	左右加密区根数计算	非加密区根数计算	加密区＋ 非加密区
	$(2×梁高 h_b - 50)/加密间距+1$	(净跨长－左加密区长－右加密区长)/非加密间距－1	
	$(2×700-50)/100+1$	$(4500-375×2-700×2×2)/200-1$	
	15根	4根	
计算式	$15×2+4=34$ 根		34根

表2.7　　　　　　　　　　　　　　　　**钢 筋 用 量 表**

钢筋名称	级别	直径 (mm)	单根长度 (m)	根数	总长 (m)	理论重量 (kg/m)	总重 (kg)
上部通长钢筋	Φ	22	18.014	4	72.056	2.984	215.0151
下部通长钢筋	Φ	22	18.014	4	72.056	2.984	215.0151
一跨箍筋	Φ	10	2.078	42	88.956	0.617	53.849292
二跨箍筋	Φ	10	2.078	46	97.428	0.617	58.9778
三跨箍筋	Φ	10	2.078	34	72.012	0.617	43.5923
合计（kg）							586.450

【**例2.7**】　某三跨框架连续梁平法标注配筋图如图2.51所示，试分析该梁的钢筋用量，并填写钢筋用量表。

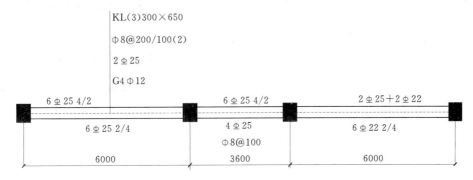

图2.51　梁平法施工图实例——［例2.7图］

注意：

(1) 抗震等级为二级，环境类别为一类，采用 C30 混凝土，柱的截面尺寸为 600mm×600mm，轴线居中，普通钢筋。

(2) 构件保护层按图集 03G101—1 中最小保护层执行；不考虑接长连接。

(3) 题中未提及的钢筋构造要求均按照 03G101—1 执行。

(4) 要求写出计算过程并填写钢筋用量表。

(5) 钢筋单根长度值、总长值保留两位小数，总重量保留三位小数。

解：根据已知条件分别查附表 2 和附表 4，得柱保护层厚度为 30mm，梁保护层厚度为 25mm，$L_{aE}=34d$。

(1) 上部通长筋。

$$h_c-柱的保护层厚\ c=600-30=570<L_{aE}=34d=850(mm)$$

所以应弯锚。

$$L=6000+3600+6000-600+2\times(600-30+15\times25)=16890(mm)=16.890(m)$$

(2) 第一跨左支座负筋（第一排）。

$$L=(6000-600)/3+600-30+15\times25=2745(mm)=2.745(m)$$

(3) 第一跨左支座负筋（第二排）。

$$L=(6000-600)/4+600-30+15\times25=2295(mm)=2.295(m)$$

(4) 第一跨下部受力筋。

$$L=6000-600+600-30+15\times25+34\times25=7195(mm)=7.195(m)$$

(5) 一跨箍筋：Φ8。

$$L=(300+650)\times2-8\times25+8\times8+1.9\times8+8\times10\times2=1950(mm)=1.950(m)$$

$$N=[(975-50)/100+1]\times2+(6000-600-2\times975)/200-1=39(根)$$

(6) 二跨下部受力筋。

$$L=3600-600+2\times34\times25=4700(mm)=4.700(m)$$

(7) 第三跨右支座负筋（第一排）。

$$L=(6000-600)/3+600-30+15\times22=2700(mm)=2.700(m)$$

(8) 第三跨下部受力筋。

$$L=6000-600+34\times22+600-30+15\times22=7048(mm)=7.048(m)$$

(9) 二跨箍筋。

$$L=1.97m$$

$$N=(3600-2\times50)/100+1=36(根)$$

(10) G 4 Φ12。

$$L=6000\times2+3600-600+15\times12\times2=15360(mm)=15.360(m)$$

填写钢筋用量表，见表 2.8。

表 2.8			钢 筋 用 量 表				
钢 筋 号	级别	直径（mm）	单根长度（m）	数量（根）	总长（m）	理论重量（kg/m）	总重（kg）
上部通长钢筋	二级	25	16.89	2	33.78	3.85	130.053
一跨左支座负筋（第一排）	二级	25	2.75	2	5.50	3.85	21.175
一跨左支座负筋（第二排）	二级	25	2.30	2	4.60	3.85	17.71
一跨下部钢筋	二级	25	7.20	6	43.20	3.85	166.32
一跨箍筋	一级	8	1.97	39	76.83	0.395	30.34785
二跨下部钢筋	二级	25	4.70	4	18.80	3.85	72.38
三跨右支座负筋（第一排）	二级	22	2.70	2	5.40	2.98	16.092
三跨下部钢筋	二级	25	7.05	6	42.30	3.85	162.855
二跨箍筋	一级	8	1.97	36	70.92	0.395	28.0134
梁侧构造钢筋	一级	12	15.36	4	61.44	0.888	54.5587
合计（kg）							699.505

【例 2.8】 计算图 2.52 所示梁平法施工图中梁的钢筋用量，计算条件见表 2.9。钢筋单根长度值按实际计算值取定，总长值保留两位小数，总重量值保留三位小数。

表 2.9		计 算 条 件 说 明 表		
抗震等级	混凝土强度等级	环境类别	连接方式	端支座形式
一级	C30	一类	对焊	采用"梁包柱"

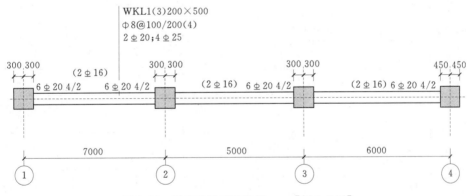

WKL1(3)200×500
Φ8@100/200(4)
2 Φ 20；4 Φ 25

图 2.52 梁平法施工图实例——［例 2.8 图］

解： 根据已知条件，分别查附表 2 和附表 4 可知，梁保护层厚度为 25mm，柱保护层厚度为 30mm，$L_{aE}=34d$，计算过程见表 2.10。

表 2.10		［例 2.8］计 算 过 程 表			
钢筋号	直径（mm）	单 根 长 度	数 量（根）	单位理论重量（kg/m）	总重（kg）
上部通长钢筋	20	7000＋5000＋6000＋300－30＋450－30＋1.7×34×20×2＝21002(mm)＝21.002(m)	2	2.466	103.582

钢筋号	直径 (mm)	单 根 长 度	数 量 (根)	单位理论 重量 (kg/m)	总重 (kg)
下部通长钢筋	25	$7000+5000+6000+300-30+450$ $-30+15\times25\times2=19440(mm)=19.440(m)$	4	3.853	299.609
一跨左支座 负筋(第一排)	20	$(7000-600)/3+600-30$ $+1.7\times34\times20=3895(mm)=3.895(m)$	2	2.466	19.034
一跨左支座 负筋(第二排)	20	$(7000-600)/4+600-30$ $+1.7\times34\times20=3326(mm)=3.326(m)$	2	2.466	16.404
一跨架立筋	16	$7000-300\times2-(7000-600)/3\times2$ $+150\times2=2433(mm)=2.433(m)$	2	1.578	7.679
一跨箍筋 外大箍	8	$(200-2\times25+8)\times2+(500-2\times25+8)\times2+2$ $\times11.9\times8=1423(mm)=1.423(m)$	$2\times[(1000-50)/100+1]$ $+(7000-600-2000)/200$ $-1=22+21=43$	0.395	24.170
一跨箍筋 里小箍	8	$[(200-50-25)/3+25+8]\times2+(500-2\times25+8)$ $\times2+2\times11.9\times8=1256(mm)=1.256(m)$	43	0.395	21.333
二跨左支座 负筋(第一排)	20	$2\times(7000-600)/3+600$ $=4967(mm)=4.867(m)$	2	2.466	24.042
二跨左支座 负筋(第二排)	20	$2\times(7000-600)/4+600$ $=3800(mm)=3.80(m)$	2	2.466	18.772
二跨右支座 负筋(第一排)	20	$2\times(6000-300-450)/3+600$ $=4100(mm)=4.10(m)$	2	2.466	20.254
二跨右支座 负筋(第二排)	20	$2\times(6000-300-450)/4+600$ $=3225(mm)=3.225(m)$	2	2.466	15.932
二跨箍筋 外大箍	8	$1.423m$	$2\times[(1000-50)/100+1]$ $+(5000-600-2000)$ $/200-1=33$	0.395	18.549
二跨箍筋 里小箍	8	$1.256m$	33	0.395	16.372
二跨架立筋	16	$=5000-300\times2-(7000-600)/3+(6000$ $-750)/3+150\times2=4317(mm)=4.317(m)$	2	1.578	13.624
三跨右支座 负筋(第一排)	20	$(6000-750)/3+680=2430(mm)$ $=2.43(m)$	2	2.466	12.042
三跨右支座 负筋(第二排)	20	$(6000-750)/4+680=1990(mm)$ $=1.99(m)$	2	2.466	9.831
三跨箍筋 外大箍	8	$1.423m$	$2\times[(1000-50)/100+1]$ $+(6000-600-2000)$ $/200-1=38$	0.395	21.359
三跨箍筋里小箍	8	$1.256m$	38	0.395	18.853
三跨架立筋	16	$6000-750-(6000-600)/3\times2$ $+150\times2=1950(mm)=1.95(m)$	2	1.578	6.154
合计(kg)					681.442

【训练提高】

1. 以下数据在梁的集中标注中，请分别解释其含义。

(1) $\Phi 10@100/200$（2）。

(2) $\Phi 10@100/200$（4）。

(3) $\Phi 8@200$（2）。

(4) $\Phi 8@100$（4）$/150$（2）。

(5) $3\Phi 25$；$5\Phi 25$。

(6) $G4\Phi 14$。

(7) $N2\Phi 22$。

2. 以下数据在梁的跨中上方标注，请分别解释其含义。

(1) $2\Phi 20$。

(2) $2\Phi 22+$（$4\Phi 12$）。

(3) $6\Phi 25\ 4/2$。

(4) $2\Phi 22+2\Phi 22$。

3. 以下数据在梁的跨中下方标注，请分别解释其含义。

(1) $4\Phi 25$。

(2) $6\Phi 25\ 2/4$。

(3) $6\Phi 25（-2）/4$。

(4) $2\Phi 25+3\Phi 22（-3）/5\Phi 25$。

4. 解释图 2.53 中梁平法施工图中各数据的含义。

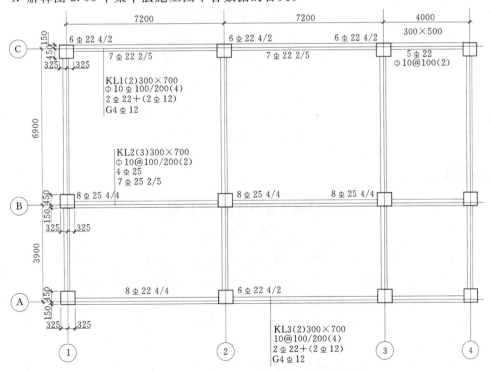

图 2.53　梁平法施工图示例——第 4 题图

5. 请计算图 2.54 中 B 轴线上的 KL4 中除了箍筋、腰筋之外的其他钢筋工程量。

已知条件：本工程抗震设防烈度为 7 度，抗震等级为 4 级（框架结构），梁、柱的混凝土均采用 C30，梁柱钢筋的保护层厚度均为 25mm，柱的尺寸全部为 500mm×500mm。

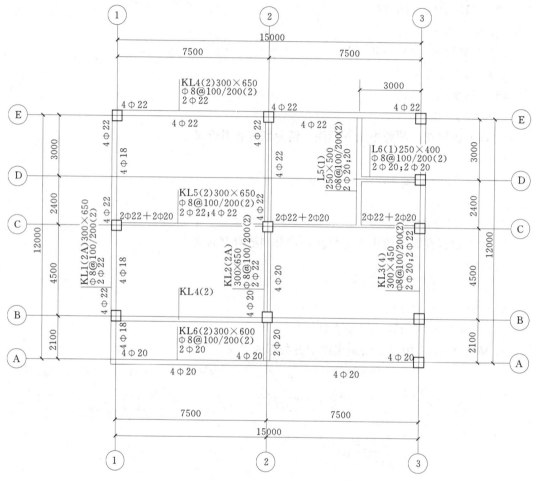

图 2.54　梁平法施工图示例——第 5 题图

【知识拓展】

平法创始人陈青来教授对一些问题的回复

（来源于网络）

1. 在集中标注处为 4 根 25 螺纹，原位标注为 8 根 25 螺纹，在计算时，集中标注的 4 根钢筋是否也为单跨锚固计算？如果是，后面详图和前面的说明是否矛盾？

回复：梁下部钢筋通常不采用集中标注，如果采用，则先注上部通长钢筋，在"；"号后接注下部通长钢筋。如果集中标注了梁下部通长钢筋，又在原位标注，则原位标注取值优先（取代集中标注的同类筋）。

2. 有的施工人员有这样的施工习惯：梁下部钢筋一律按"单跨"在中间支座锚固。

这种做法对吗?

回复:对。

3. 也有的人有这样一个看法,即集中标注的下部通长钢筋是贯穿通过中间支座,而原位标注的下部钢筋是在中间支座锚固。这样的认识对不对?

回复:前错后对。集中标注的下部通长筋与原位标注的构造相同。

4. 如果相邻跨的同一规格的下部钢筋都在中间支座锚固,必然会增加支座的钢筋密度,对结构是不利的,这也违背了"能通则通"的原则;但如果采用一根钢筋贯穿通过中间支座,又受到钢筋定尺长度的局限,这时,抗震框架梁的下部纵筋在什么位置连接为好呢?(这个问题是施工实际中的一个普遍性问题,也是"平法梁"实际应用的一个普遍性问题。)

回复:"能通则通"通常指支座上部钢筋。下部钢筋的问题不在于锚入支座,而是一方直锚固,另一方要"翘起"锚固。由于施工习惯并不科学,所以改革要逐步实现,在04G101—4 中就提出了宜采用"非接触"搭接的概念,就是逐步改变已经延续了半个世纪之久的施工习惯。

5. 平法梁纵筋伸入端柱支座长度的两种计算方法,以 03G101—1 第 54～55 页为例,梁纵筋伸入端柱都有 $15d$ 的弯锚部分,如果把它放在与柱纵筋同一个垂直层面上,会造成钢筋过密,显然是不合适的。正如图上所画的那样,应该从外到内分成几个垂直层面来布置。但是,在计算过程中,却可以有两种不同的算法,这两种算法都符合图集的规定。

第一种算法,是从端柱外侧向内侧计算,先考虑柱纵筋的保护层,再按一定间距布置(计算)梁的第一排上部纵筋、第二排上部纵筋,再计算梁的下部纵筋,最后,保证最内层的下部纵筋的直锚长度不小于 $0.4L_{aE}$。

第二种算法,是从端柱内侧向外侧计算,先保证梁最内层的下部纵筋的直锚长度不小于 $0.4L_{aE}$,然后依次向外推算,这样算下来,最外层的梁上部纵筋的直锚部分可能和柱纵筋隔开一段距离。

这两种算法,第一种较为安全,第二种省些钢筋。不知道图集设计者同意采用哪一种算法?

回复:应按第一种算法。如果柱截面高度较大,按 03G101—1 第 54 页注 6 执行。

6. 关于 03G101 第 54 页"梁端部节点"的问题,是否"只要满足拐直角弯 $15d$ 和直锚长度不小于 $0.4L_{aE}$ 的要求,则钢筋锚入支座的总长度不足 L_{aE} 也不要紧"?

回复:L_{aE} 是直锚长度标准。当弯锚时,在弯折点处钢筋的锚固机理发生本质的变化,所以,不应以 L_{aE} 作为衡量弯锚总长度的标准,否则属于概念错误。应当注意保证水平段不小于 $0.4L_{aE}$ 非常必要,如果不能满足,应将较大直径的钢筋以"等强或等面积"代换为直径较小的钢筋予以满足,而不应采用加长直钩长度使总锚长达 L_{aE} 的错误方法。

项目3 柱平法识图与钢筋计算

【学习目标】

知识目标：

(1) 了解柱平法施工图的特点。

(2) 掌握柱平法施工图的识读。

(3) 掌握柱钢筋工程量的计算。

能力目标：

(1) 具备识读柱平法施工图的能力。

(2) 能够计算柱钢筋的工程量。

素质目标：

(1) 能够耐心细致地完成柱钢筋工程量的计算任务。

(2) 具备一定的资料查找能力，找到03G101—1与06G901—1中有关柱的平法制图规则与一般构造详图，以及与柱平法识图与钢筋计算相关的学习资料。

(3) 具备一定的自学能力和解决问题的能力，能读懂03G101—1与06G901—1中关于柱的制图规则，并根据相关规范与图集完成柱内钢筋工程量计算的工作任务。

(4) 能够具备一定的团队合作精神，可以和同学讨论完成学习任务，能够与同学协作完成柱内钢筋工程量的计算任务。

任务 3.1 柱 平 法 识 图

柱平法施工图主要是用平面整体表示方法表达了柱的尺寸与配筋信息。

钢筋混凝土柱根据所受外力的方式不同，可分为轴心受压柱和偏心受压柱。柱内钢筋如图 3.1 所示。

1. 受力钢筋

轴心受压柱内受力钢筋的作用是与混凝土共同承担中心荷载在截面内产生的压应力；而偏心受压柱内的受力钢筋除了承担压应力外，还要承担由偏心荷载所引起的拉应力。

2. 箍筋

箍筋的作用是保证柱内受力钢筋的正确位置，间距符合设计要求，防止受力钢筋被压弯曲，从而提高柱的承受力。

3.1.1 柱平面布置图概述

在平法绘制的结构平面布置图中，柱平面

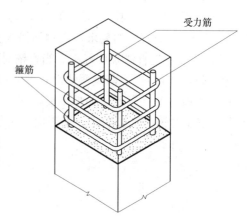

图 3.1 柱的纵筋和箍筋示意图

布置图可单独绘制，也可与剪力墙平面布置图合并绘制。在柱平面布置图中轴网采用一种比例，柱截面轮廓在原位采用另一种适当放大的比例，柱的水平定位即可表达出来。而各柱的竖向定位需要预算人员将柱表中的柱段高度与结构层的楼面标高及层高表对照后确定。例如，如果柱表中注写的柱高范围是"××层—××层"，可从层高表中查出该段柱的下端与上端标高；如果柱表中注写的标高范围是"×××标高—×××标高"，可从层高表中查出该段柱的层数。除注明单位者外，柱平法施工图中标注的尺寸以 mm 为单位，标高以 m 为单位。

在双比例绘制的柱平面布置图上，再采用截面注写方式或列表注写方式，并加注相关设计内容，就构成了柱的平法施工图。

3.1.2 柱编号规定

柱编号由类型、代号和序号组成，各种柱的编号均应符合表 3.1 的规定。

3.1.3 柱列表注写方式

列表注写方式指在柱平面布置图上分别在同一编号的柱中选择一个（有时需要选择几个）截面标注几何参数代号；在柱表中注写柱号、柱段起止标高、截面几何尺寸（含柱截面对轴线的偏心情况）与配筋的具体数值，并配以各种柱截面形状及其箍筋类型图的方式，来表达柱平法施工图，如图 3.2 所示。

表 3.1　　　柱　编　号

柱类型	代号	序号
框架柱	KZ	××
框支柱	KZZ	××
芯柱	XZ	××
梁上柱	LZ	××
剪力墙上柱	QZ	××

柱表中注写的一般设计内容，按栏目顺序解释如下：

（1）第 1 列表示柱号即柱编号，如图 3.2 中有 KZ1、LZ1、XZ1。

（2）第 2 列表示柱高，自柱根部向上以变截面位置或截面未变但配筋改变处为界分段注写，可以注写起止层数，也可以注写起止标高。如图 3.2 中的 KZ1 表示为柱段的各标高。

（3）第 3 列表示柱的截面尺寸，矩形截面为 $b×h$，横边为 b 边，竖边为 h 边；当为圆形截面时，以 D 起始注写圆柱截面直径；当为异性柱截面时，在适当位置补充有实际配筋截面并原位注写的截面尺寸。如图 3.2 中 KZ1 在 $-0.030\sim19.470$m 标高段为矩形截面，截面尺寸 b 边 750mm，h 边 700mm。

（4）第 4～7 列表示柱截面横边和竖边与两向轴线的几何关系，其中 $b=b_1+b_2$，$h=h_1+h_2$，当柱截面向上缩小或平移至截面 b 边或 h 边到轴线的另一侧时，b_1 或 b_2，h_1 或 h_2 为零或为负值。对于圆柱截面，其与轴线的关系也用 b_1、b_2 和 h_1、h_2 表示，且 $D=b_1+b_2=h_1+h_2$。这主要是为了在确定好定位轴线后确定柱的偏心情况，作为预算人员一般不用这个参数。

（5）第 8～11 列表示全部纵筋或角筋、b 边一侧中部筋、h 边一侧中部筋。当该段柱纵筋采用同一种直径，且截面各边中部筋根数虽然不同但有补绘的实际配筋截面时，表示为全部纵筋；否则，分别表示角筋及 b 边一侧中部筋、h 边一侧中部筋。框架柱通常采用对称配筋，预算钢筋量时，应注意将 b 边一侧中部筋和 h 边一侧中部筋分别乘以 2。如图

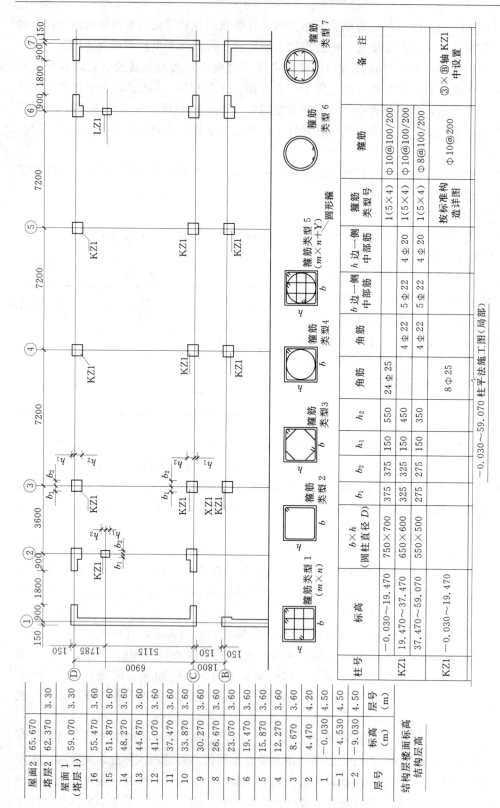

图 3.2　柱平法施工图列表注写方式示例

$-0.030\sim59.070$ 柱平法施工图（局部）

柱号	标高	$b\times h$（圆柱直径 D）	b_1	b_2	h_1	h_2	角筋	b 边一侧中部筋	h 边一侧中部筋	箍筋类型号	箍筋	备注
KZ1	$-0.030\sim19.470$	750×700	375	375	150	550	$24\,\Phi\,25$			$1(5\times4)$	$\Phi\,10@100/200$	
	$19.470\sim37.470$	650×600	325	325	150	450	$4\,\Phi\,22$	$5\,\Phi\,22$	$4\,\Phi\,20$	$1(5\times4)$	$\Phi\,10@100/200$	
	$37.470\sim59.070$	550×500	275	275	150	350	$4\,\Phi\,22$	$5\,\Phi\,22$	$4\,\Phi\,20$	$1(5\times4)$	$\Phi\,8@100/200$	
KZ1	$-0.030\sim19.470$						$8\,\Phi\,25$			按标准构造详图	$\Phi\,10@200$	③×Ⓑ轴 KZ1 中设置

层号	标高（m）	层高（m）
屋面 2	65.670	
塔层 2	62.370	3.30
屋面 1（塔层 1）	59.070	3.30
16	55.470	3.60
15	51.870	3.60
14	48.270	3.60
13	44.670	3.60
12	41.070	3.60
11	37.470	3.60
10	33.870	3.60
9	30.270	3.60
8	26.670	3.60
7	23.070	3.60
6	19.470	3.60
5	15.870	3.60
4	12.270	3.60
3	8.670	3.60
2	4.470	4.20
1	-0.030	4.50
-1	-4.530	4.50
-2	-9.030	4.50
层号	标高（m）	层高（m）

结构层楼面标高
结构层高

3.2 中 KZ1 在 −0.030～19.470m 标高段的表示的为全部纵筋 24 Φ 25；在 19.470～37.470m 标高段的分别表示了角筋 4 Φ 22、b 边一侧中部筋 5 Φ 22、h 边一侧中部筋 4 Φ 20，则所有纵筋为 14 Φ 22＋8 Φ 20。

（6）第 12 列和第 13 列分别表示箍筋类型号和箍筋配筋值。具体工程中所设计的各种箍筋类型图一般绘制在柱表的上部或表中适当位置，并在其上标注与表中相对应的 b 和 h 边及类型号。矩形截面的柱箍筋可定为类型 I，一般表示为 $m \times n$，m 为 b 边宽度上的箍筋肢数，n 为 h 边宽度上的箍筋肢数。箍筋配筋值表达了箍筋的等级、直径和间距，当为抗震设计时，用 "/" 区分箍筋加密区与非加密区长度范围内箍筋的不同间距；当箍筋沿柱全高为一种间距时，则不适用 "/" 线。当圆柱采用螺旋箍筋时，需在箍筋前加 "L"。如图 3.2 中 KZ1 在 −0.030～19.470m 标高段的箍筋为矩形截面柱箍筋，b 边上的肢数为 5，h 边上的肢数为 4；且为 HPB235 级直径为 10 的箍筋，加密区箍筋间距为 100mm，非加密区箍筋间距为 200mm。

（7）第 14 列是备注栏，是设计中一些必要的说明。

柱表包含的柱号、几何要素及配筋要素一般都表示为这 14 列内容，在具体工程上可能有压缩的表示，即将 b_1、b_2，h_1、h_2 合并为一列表示为 "b_1/b_2，h_1/h_2"；将纵筋压缩为一列表示为 "全部纵筋或角筋/b 边一侧中部筋/h 边一侧中部筋"；将箍筋压缩为一列表示为 "箍筋，箍筋类型"。在识图时原理是一样的。

3.1.4 柱截面注写方式

柱截面注写方式指在分标准层绘制的柱平面布置图的柱截面上，分别在同一编号的柱中选择一个截面，以直接注写截面尺寸和配筋的具体数值的方式来表达柱平法施工图，如图 3.3 所示。

截面注写方式使用于各种结构类型。截面注写方式在柱截面配筋图上直接引注的内容有柱编号、柱高（分段起止高度）、截面尺寸、纵向钢筋、箍筋。

柱平法施工图截面注写方式中直接引注的一般设计内容解释如下：

（1）柱编号，由柱类型代号和序号组成，详见表 3.1。

（2）柱高，此项为选注值。可注写为该段柱的起止层数或者起止标高，当不注写时表示柱高与柱标准层竖向各层的总高度相同。预算人员根据需要可以对照图中的 "结构层楼面标高与层高表" 换算为所需要的标高或者层数。

（3）截面尺寸，具体的表示同列表注写方式。

（4）纵向钢筋，当纵筋为同一直径时，无论是矩形截面还是圆形截面，所注写的钢筋为全部纵筋；例如图 3.3 中 KZ2 所注写的为全部纵筋 22 Φ 22，KZ3 所注写的为全部纵筋 24 Φ 22。当矩形截面的角筋与中部钢筋直径不同时，按 "角筋＋b 边中部筋＋h 边中部筋" 的形式表示；也可在直接引注中仅注写角筋，然后在截面配筋图上原位注写中部筋，当采用对称配筋时，可仅注写一侧中部筋。例如，图 3.3 中 KZ1 所表示的为角筋 4 Φ 22，b 边一侧中部筋为 5 Φ 22，h 边一侧中部筋为 4 Φ 20，纵向钢筋共有 14 Φ 22＋8 Φ 20。

当为异形柱，且截面的角筋与中部筋直径不同时，按 "角筋＋中部筋" 的形式表示，具体的中部筋分布可以在截面配筋图中识图。

（5）箍筋，具体表示同列表注写方式。

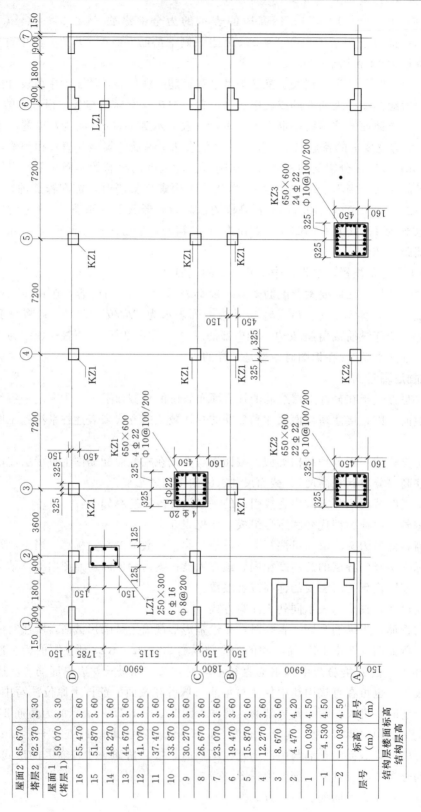

图 3.3　19.470～37.470 柱平法施工图截面注写方式示例

层号	标高 (m)	层高 (m)
屋面 2	65.670	3.30
塔层 2	62.370	3.30
屋面 1 (塔层 1)	59.070	
16	55.470	3.60
15	51.870	3.60
14	48.270	3.60
13	44.670	3.60
12	41.070	3.60
11	37.470	3.60
10	33.870	3.60
9	30.270	3.60
8	26.670	3.60
7	23.070	3.60
6	19.470	3.60
5	15.870	3.60
4	12.270	3.60
3	8.670	4.20
2	4.470	4.50
1	-0.030	4.50
-1	-4.530	4.50
-2	-9.030	4.50
层号	标高 (m)	层高 (m)
结构层楼面标高 结构层高		

任务 3.2　柱钢筋计算基本原理

任务 3.1 中，我们介绍了柱构件的平法识图，即如何阅读柱构件平法施工图。本任务主要介绍柱构件（主要讲解框架柱 KZ）的钢筋构造，指柱构件的各种钢筋在实际工程中可能出现的各种构造情况，其他柱类型的钢筋构造，请大家对照此书的思路并结合平法图集自行整理。

3.2.1　框架柱构件钢筋构造知识体系

框架柱构件的钢筋构造，分布在 04G101—3、06G101—6、08G101—5、03G101—1中，本部分按构件组成、钢筋组成的思路，将框架柱构件的钢筋总结为表 3.2 所示的内容，整理出钢筋种类后，再将每一种钢筋整理其各种构造情况。

表 3.2　　　　　　　　　　　　　　　　　框架柱构件钢筋种类

钢筋种类	构　造　情　况		相　关　图　集　页　码
纵筋	基础内柱插筋	独基、条基、承台内柱插筋	06G101—6 第 66 页、第 67 页
		筏形基础（基础梁、基础平板）	04G101—3 第 32 页、第 45 页
		大直径灌注桩	《钢筋混凝土平法设计与施工规则》第 127 页
		芯柱	《钢筋混凝土平法设计与施工规则》第 132 页
	梁上柱、墙上柱插筋		03G101—1 第 39 页
	地下室框架柱		08G101—5 第 53 页、第 54 页
	中间层	无截面变化	03G101—1 第 36 页
		变截面	06G901—1 第 2～18 页、第 2～19 页 03G101—1 第 38 页
		变钢筋	03G101—1 第 38 页
	顶层	边柱、角柱	03G101—1 第 37 页
		中柱	03G101—1 第 38 页
箍筋	箍筋		03G101—1 第 40 页、第 41 页、第 46 页
框架柱钢筋骨架			

3.2.2　基础内柱插筋构造

1. 基础内柱插筋构造总述

基础内柱插筋由基础内长度、伸出基础非连接区高度、错开连接高度三大部分组成，如图 3.4 所示。

柱插筋底部弯折长度 a 应根据插筋在基础竖直长度确定，见表 3.3。

2. 独基、条基、承台内柱插筋构造

（1）基础高度小于 $L_{aE}(L_a)$（06G101—6 第 66 页）。独基、条基、承台内柱插筋构造［基础高度小于 $L_{aE}(L_a)$］见表 3.4。

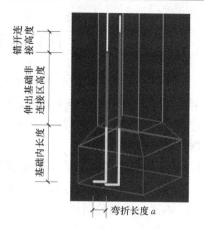

图 3.4　基础内柱插筋

表 3.3　　　　　　　　　　　　**柱插筋底部弯折长度 a**　　　　　　　　　　单位：mm

竖直长度	底部弯折长度 a	竖直长度	底部弯折长度 a
$\geqslant 0.5L_{aE}$（$\geqslant 0.5L_a$）	$12d$ 且$\geqslant 150$	$\geqslant 0.7L_{aE}$（$\geqslant 0.7L_a$）	$8d$ 且$\geqslant 150$
$\geqslant 0.6L_{aE}$（$\geqslant 0.6L_a$）	$10d$ 且$\geqslant 150$	$\geqslant 0.8L_{aE}$（$\geqslant 0.8L_a$）	$6d$ 且$\geqslant 150$

表 3.4　　　　　　　　　　**独基条基桩承台内柱插筋（基础高度小于 L_{aE}）**

平法施工图：

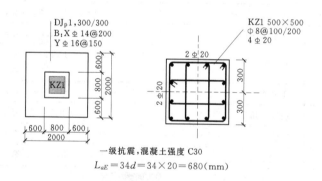

DJp1,300/300
B:X ⌀14@200
Y ⌀16@150

KZ1 500×500
⌀8@100/200
4 ⌀20

2 ⌀20

一级抗震,混凝土强度 C30

$L_{aE}=34d=34\times20=680(\text{mm})$

钢筋构造要点：

（1）柱插筋伸到基础底部。

（2）底部弯折长度 a。

（3）伸出基础顶面非连接区高度 $h_n/3$

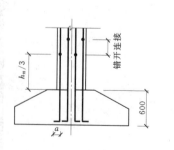

钢筋效果图：

（2）基础高度不小于 $L_{aE}(L_a)$（06G101—6 第 67 页）。独基、条基、承台内柱插筋构造见表 3.5。

表 3.5　　　　　独基条基桩承台内柱插筋 ［基础高度不小于 $L_{aE}(L_a)$］

平法施工图：

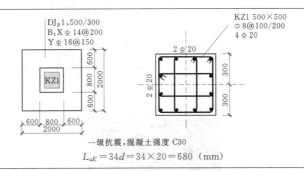

DJ$_p$1，500/300
B：X Φ 14@200
Y Φ 16@150

KZ1 500×500
Φ 8@100/200
4 Φ 20

2 Φ 20
2 Φ 20

600　800　600
2000

600　800　600
2000

300　300

一级抗震，混凝土强度 C30
$L_{aE}=34d=34×20=680$（mm）

钢筋构造要点：

（1）柱角筋伸到基础底部弯折 a。
（2）各边中部钢筋伸入基础内 $L_{aE}(L_a)$ 切断

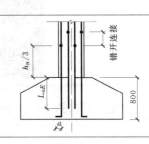

钢筋效果图：

3. 筏形基础内柱插筋构造

（1）基础主梁内柱插筋构造　（04G101—3 第 32 页）。基础主梁内柱插筋构造见表 3.6。

表 3.6　　　　　　　　　　　　　**基 础 主 梁 内 柱 插 筋**

平法施工图：

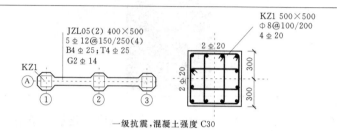

JZL05(2) 400×500
5 Φ 12@150/250(4)
B4 Φ 25；T4 Φ 25
G2 Φ 14

KZ1

KZ1 500×500
Φ 8@100/200
4 Φ 20

一级抗震，混凝土强度 C30

钢筋构造要点：

柱全部纵筋伸到基础底部弯折 a

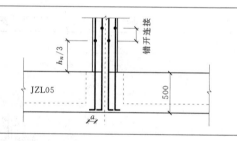

钢筋效果图：

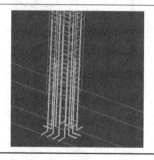

（2）筏基平板内柱插筋构造 $h \leqslant 2000$（04G101—3 第 45 页）。筏基平板内柱插筋构造见表 3.7。

表 3.7　　　　　　　　　　　**筏基平板内柱插筋 $h \leqslant 2000$**

平法施工图：

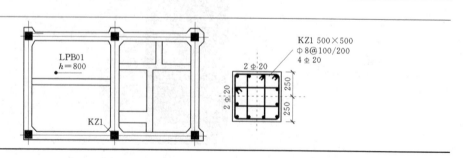

LPB01
$h = 800$

KZ1

KZ1 500×500
Φ 8@100/200
4 Φ 20

钢筋构造要点：	
柱全部纵筋伸到基础底部弯折 a	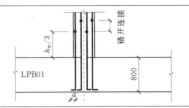
钢筋效果图：	
	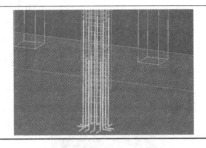

（3）筏基平板内柱插筋构造 $h>2000$（04G101—3 第 45 页）。筏基平板内柱插筋构造见表 3.8。

表 3.8　　　　　　　　　　　　　　**筏基平板内柱插筋 $h>2000$**

平法施工图：	
	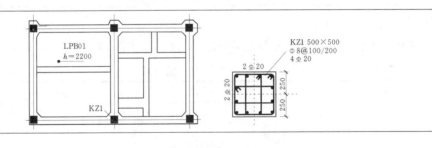
钢筋构造要点：	
柱全部纵筋伸到基础底部弯折 a	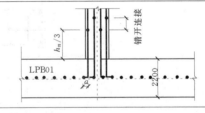
钢筋效果图：	
	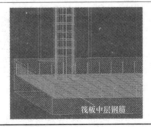

4. 大直径灌注桩内柱插筋构造

大直径灌注桩内柱插筋构造，（《钢筋混凝土平法设计与施工规则》第 127 页）见表 3.9。

表 3.9　　　　　　　　　　　　　　**大直径灌注桩内柱插筋**

钢筋构造要点：	
（1）柱全部纵筋伸入灌注桩内 max（L_{aE}/ L_a，35d）。 （2）底部弯折 max(6d，150)	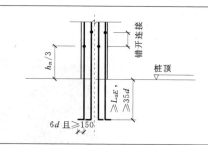
钢筋效果图：	

5. 芯柱插筋构造

芯柱插筋构造（《钢筋混凝土平法设计与施工规则》第 132 页），见表 3.10。

表 3.10　　　　　　　　　　　　　　**芯　柱　插　筋**

平法施工图：	
	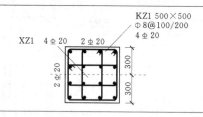
钢筋构造要点：	
（1）芯柱纵筋伸入基础内 0.7L_{aE}	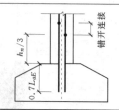

3.2.3　地下室框架柱钢筋构造

1. 认识地下室框架柱

（1）认识地下室框架柱。地下室框架柱是指地下室内的框架柱，它和楼层中的框架柱在钢筋构造上有所不同，所以单独进行讲解，地下室框架柱示意图如图 3.5 所示。

（2）基础结构和上部结构的划分位置。03G101—1 第 36 页描述的"基础顶嵌固部位"就是指基础结构和上部结构的划分位置，如图 3.6 所示。

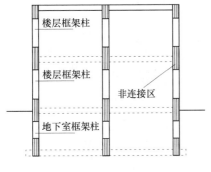

图 3.5　地下室框架柱示意图

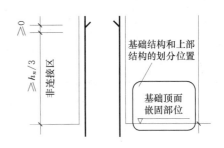

图 3.6　基础结构和上部结构划分位置

有地下室时，基础结构和上部结构的划分位置在 08G101—5 第 54 页描述为：由设计注明。

（3）楼层中框架柱纵筋基本构造。楼层中框架柱纵筋基本构造见表 3.11。

表 3.11　　　　　　　　　　　楼层中框架柱纵筋基本构造

钢筋构造要点：
低位钢筋长度＝本层层高－本层下端非连接区高度＋伸入上层的非连接区高度 高位钢筋长度＝本层层高－本层下端非连接区高度－错开接头高度＋伸入上层非连接区高度＋错开接头高度 非连接区高度取值： 楼层中：$\max(h_n/6, h_c, 500)$ 基础顶面嵌固部位：$h_n/3$

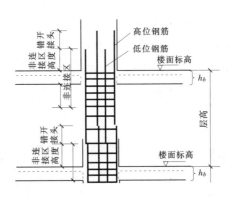

2. 地下室框架柱钢筋构造

（1）上部结构嵌固部位在地下室顶面。地下室框架柱（上部结构嵌固部位在地下室顶面）钢筋构造见表 3.12。

表 3.12　　　　　　地下室框架柱（上部结构嵌固部位在地下定顶面）钢筋构造

平法施工图：

层号	顶标高	层高	顶梁高
2	7.2	3.6	700
1	3.6	3.6	700
−1	−0.00	4.2	700
−2	−4.2	4.2	700
基础	−8.4	基础厚 800	—

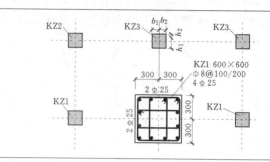

钢筋构造要点：

（1）本例中，上部结构的嵌固位置，即基础结构和上部结构的划分位置，在地下室顶面。

（2）上部结构嵌固位置，柱纵筋非连接区高度为 $h_n/3$。

（3）地下室各层纵筋非连接区高度为 $\max(h_n/6,\ h_c,\ 500)$

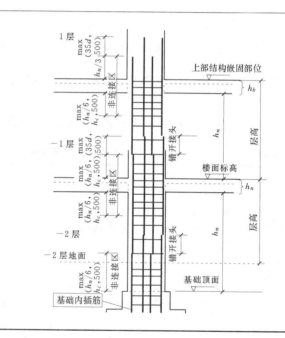

（2）上部结构嵌固部位在地下一层或基础顶面。

地下室框架柱（上部结构嵌固部位在地下一层或基础顶面）钢筋构造见表 3.13。

表 3.13　　　地下室框架柱（上部结构嵌固部位在地下一层或基础顶面）钢筋构造

平法施工图：

层号	顶标高	层高	顶梁高
2	7.2	3.6	700
1	3.6	3.6	700
−1	−0.00	4.2	700
−2	−4.2	4.2	700
基础	−8.4	基础厚 800	—

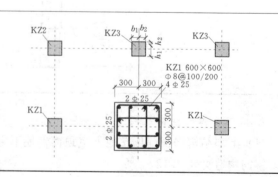

钢筋构造要点：

（1）本例中，上部结构的嵌固位置，即基础结构和上部结构的划分位置，在基础顶面。

（2）上部结构嵌固位置，柱纵筋非连接区高度为 max（$h_n/6$，h_c，500）。

（3）地下室各层纵筋在下端非连接区高度为 $h_n/3$，上端非连接区高度为 max（$h_n/6$，h_c，500）

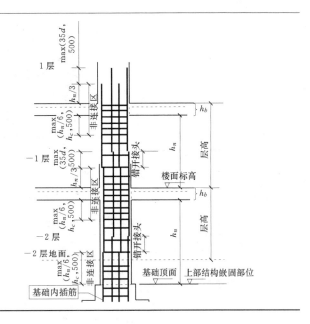

3.2.4 中间层柱钢筋构造

楼层中框架柱钢筋的基本构造见表 3.11，此处讲解除了基本构造以外的变截面和变钢筋的构造。

1. 框架柱中间层变截面钢筋构造（一）

框架柱中间层变截面（$c/h_b>1/6$）钢筋构造见表 3.14（06G901—1 第 2～19 页）。

表 3.14　　　　　　　　**框架柱中间层变截面（$c/h_b>1/6$）钢筋构造**

平法施工图：（$c/h_b>1/6$）

层号	顶标高	层高	顶梁高
4	15.87	3.6	500
3	12.27	3.6	500
2	8.67	4.2	500
1	4.47	4.5	500
基础	−0.97	基础厚 800	—

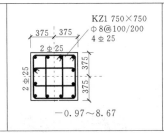

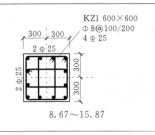

钢筋构造要点：

（1）本例中，$c/h_b=$（750−600）/500=150/500>1/6，因此下层柱纵筋断开收头，上层柱纵筋伸入下层。

（2）下层柱纵筋伸至该层顶+12d。

（3）上层柱纵筋伸入下层 1.5L_{aE}（L_a）。

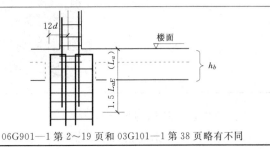

06G901—1 第 2～19 页和 03G101—1 第 38 页略有不同

钢筋效果图:

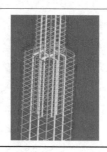

2. 框架柱中间层变截面钢筋构造(二)

框架柱中间层变截面($c/h_b{\leqslant}1/6$)钢筋构造见表 3.15(06G901—1 第 2~19 页)。

表 3.15　　　　　　　　　　框架柱中间层变截面($c/h_b{\leqslant}1/6$)钢筋构造

平法施工图:($c/h_b{\leqslant}1/6$)

层号	顶标高	层高	顶梁高
4	15.87	3.6	500
3	12.27	3.6	500
2	8.67	4.2	500
1	4.47	4.5	500
基础	−0.97	基础厚 800	—

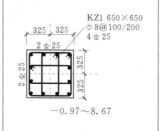

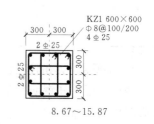

钢筋构造要点:

本例中,$c/h_b=(650-600)/500=50/500$ $<1/6$,因此下层柱纵筋斜弯连续伸入上层,不断开

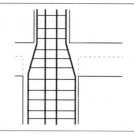

钢筋效果图:

3. 上柱钢筋比柱钢筋根数多

上柱钢筋比下柱钢筋根数多,钢筋构造见表 3.16(03G101—1 第 36 页)。

表 3.16　　　　　　　　　　　　　上层柱比下层柱钢筋多的钢筋构造

平法施工图：$(c/h_b \leqslant 1/6)$

层号	顶标高	层高	顶梁高
4	15.87	3.6	500
3	12.27	3.6	500
2	8.67	4.2	500
1	4.47	4.5	500
基础	−0.97	基础厚 800	—

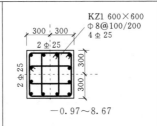

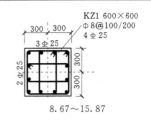

钢筋构造要点：

上层柱多出的钢筋伸入下层 $1.2L_{aE}/L_a$（注意起算位置）

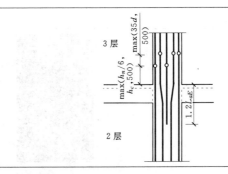

钢筋效果图：

4. 下柱钢筋比上柱钢筋根数多

下柱钢筋比上柱钢筋根数多，钢筋构造见表 3.17（03G101—1 第 36 页）。

表 3.17　　　　　　　　　　　　　下柱钢筋比上柱钢筋多的钢筋构造

平法施工图：$(c/h_b \leqslant 1/6)$

层号	顶标高	层高	顶梁高
4	15.87	3.6	500
3	12.27	3.6	500
2	8.67	4.2	500
1	4.47	4.5	500
基础	−0.97	基础厚 800	—

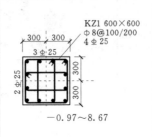

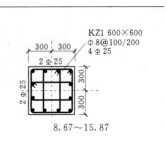

续表

钢筋构造要点:	
下层柱多出的钢筋伸入上层 $1.2L_{aE}/L_a$（注意起算位置）	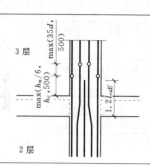

钢筋效果图:

5. 上柱钢筋比下柱钢筋直径大

上柱钢筋比下柱钢筋直径大，钢筋构造见表 3.18（03G101—1 第 36 页）。

表 3.18　　　　　　　　　　　　　　　**上柱钢筋比下柱钢筋直径大的钢筋构造**

平法施工图：$(c/h_b \leqslant 1/6)$

层号	顶标高	层高	顶梁高
4	15.87	3.6	500
3	12.27	3.6	500
2	8.67	4.2	500
1	4.47	4.5	500
基础	−0.97	基础厚 800	—

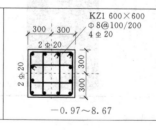

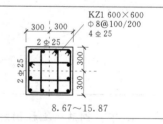

钢筋构造要点:	
下层柱多出的钢筋伸入上层 $1.2L_{aE}/L_a$（注意起算位置）	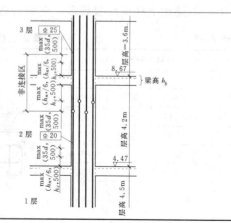

3.2.5　顶层柱钢筋构造

1. 顶层边柱、角柱与中柱

框架柱顶层钢筋构造要区分边柱、角柱和中柱，如图 3.7 所示。

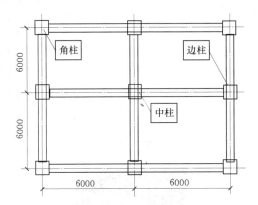

图 3.7　边柱、角柱与中柱

边柱、角柱和中柱，钢筋构造知识体系见表 3.19。

表 3.19　边柱、角柱和中柱钢筋构造知识体系

柱　类　型	钢筋构造分类	说　明
边柱	（1）外侧钢筋。 （2）内侧钢筋	一条边为外侧边，三条边为内侧边
角柱		两条边为外侧边，两条边为内侧边
中柱		全部纵筋
外侧钢筋与内侧钢筋示意图	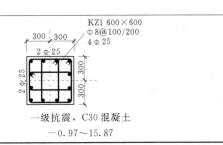	

2. 顶层中柱钢筋构造（一）

顶层中柱钢筋构造（一）见表 3.20（03G101—1 第 38 页）。

表 3.20　顶层中柱钢筋构造（一）

平法施工图：（$c/h_b \leqslant 1/6$）

层号	顶标高	层高	顶梁高
4	15.87	3.6	700
3	12.27	3.6	700
2	8.67	4.2	700
1	4.47	4.5	700
基础	−0.97	基础厚 800	—

KZ1 600×600
Φ8@100/200
4 Φ25
300　300
2 Φ25
2 Φ25
300
300
300
一级抗震，C30 混凝土
−0.97～15.87

钢筋构造要点：

本例中 $L_{aE} = 34d >$ 梁高 700mm，因此，顶层中柱全部纵筋伸至柱顶弯折 $12d$

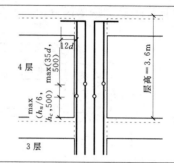

钢筋效果图：

3．顶层中柱钢筋构造（二）

顶层中柱钢筋构造（二）见表 3.21（03G101—1 第 38 页）。

表 3.21　　　　　　　　　　　顶层中柱钢筋构造（二）

平法施工图：（$c/h_b \leqslant 1/6$）

层号	顶标高	层高	顶梁高
4	15.87	3.6	900
3	12.27	3.6	700
2	8.67	4.2	700
1	4.47	4.5	700
基础	−0.97	基础厚 800	—

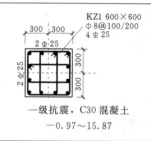

钢筋构造要点：

本例中 $L_{aE} = 34d <$ 梁高 900mm，因此，顶层中柱全部纵筋伸至柱顶直锚。

注意：

对照《钢筋混凝土结构平法设计与施工规则》第 151 页及 06G901—1 第 2～28 页，直锚时，柱纵筋伸至柱顶保护层位置，而不只是取 L_{aE}

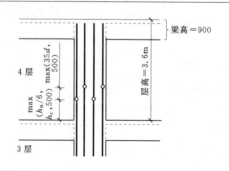

钢筋效果图：

4. 顶层边柱、角柱钢筋构造

顶层边柱和角柱的钢筋构造都是要区分内侧钢筋和外侧钢筋，它们的区别是角柱有两条外侧边，边柱只有一条外侧边。

（1）顶层边柱、角柱钢筋构造形式。顶层边柱、角柱的钢筋构造有两种形式，见表 3.22，进行钢筋算量时，选用哪一种，要根据实际施工图确定，不过，不管选用哪一种构造形式，注意屋面框架梁钢筋要与之匹配。

表 3.22　　　　　　　　　顶层角柱钢筋构造形式

构造形式 1	构造形式 2
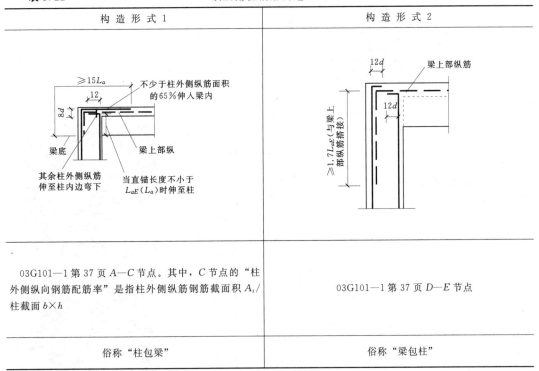	
03G101—1 第 37 页 A—C 节点。其中，C 节点的"柱外侧纵向钢筋配筋率"是指柱外侧纵筋钢筋截面积 A_s/柱截面 $b \times h$	03G101—1 第 37 页 D—E 节点
俗称"柱包梁"	俗称"梁包柱"

（2）顶层角柱钢筋构造。本书，以 03G101—1 中 A 节点为例讲解顶层角柱钢筋构造，见表 3.23。

表 3.23 　　　　　　　　　　　顶 层 角 柱 钢 筋 构 造

平法施工图：$(c/h_b \leqslant 1/6)$

层号	顶标高	层高	顶梁高
4	15.87	3.6	700
3	12.27	3.6	700
2	8.67	4.2	700
1	4.47	4.5	700
基础	−0.97	基础厚 800	—

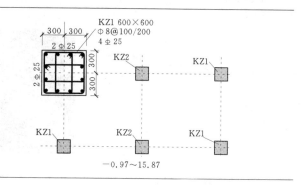

外侧钢筋与内侧钢筋分解：

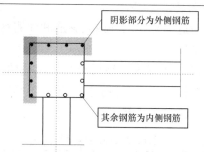

1 号筋	●	不少于 65% 的柱外侧钢筋伸入梁内 $7 \times 65\% = 5$ 根
2 号筋	●	其余外侧钢筋中，位于第一层的，伸至柱内侧边下弯 8d，共 1 根
3 号筋	●	其余外侧钢筋中，位于第二层的，伸至柱内侧边，共 1 根
4 号筋	○	内侧钢筋，共 5 根

钢筋构造要点与钢筋效果图：

（1）65% 的柱外侧纵筋（5 根）从梁起算收头 $1.5L_{aE}$（L_a）

（2）其余 35% 的外侧钢筋中，位于第一层的，伸至柱内侧边下弯 8d

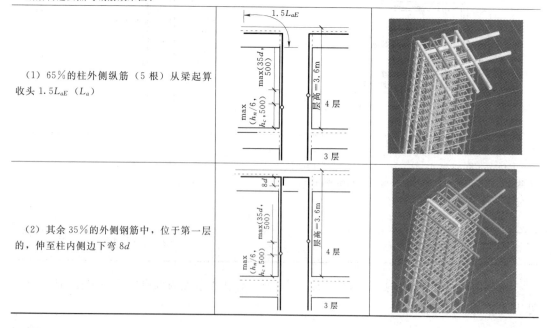

续表

（3）其余 35% 的外侧钢筋中，位于第二层的，伸至柱内侧边	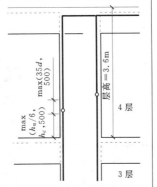	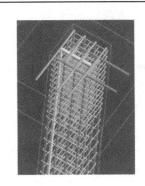
（4）其余内侧钢筋同中柱柱顶钢筋构造		

3.2.6　框架柱箍筋构造

框架柱箍筋构造见表 3.24。

表 3.24　　　　　　　框 架 柱 箍 筋 构 造

箍筋长度：	
箍筋长度在本书任务 2.2 中已详细讲解，此处不再重复	矩形封闭箍筋长度 $= 2 \times [(b - 2c + d) + (h - 2c + d)] + 2 \times 11.9d$
箍筋根数（加密区范围）：	
基础内箍筋根数：间距不大于 500 且不少于两道矩形封闭箍筋。 注意：基础内箍筋为非复合箍	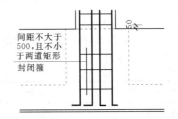 独基、条基：06G101—6；筏基：04G101—3
地下室框架柱箍筋根数：加密区为地下室框架柱纵筋非连接区高度（地下室框架柱纵筋非连接区高度见本小节相关内容）	08G101—5
柱根位置：箍筋加密区高度为 $h_n/3$	03G101—1 第 41 页

续表

中间节点高度：当与框架柱相连的框架梁高度或标高不同，注意节点高度的范围	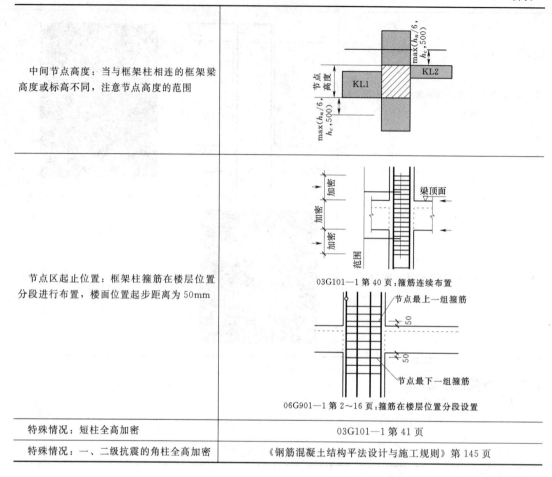
节点区起止位置：框架柱箍筋在楼层位置分段进行布置，楼面位置起步距离为 50mm	03G101—1 第 40 页：箍筋连线布置 06G901—1 第 2～16 页：箍筋在楼层位置分段设置
特殊情况：短柱全高加密	03G101—1 第 41 页
特殊情况：一、二级抗震的角柱全高加密	《钢筋混凝土结构平法设计与施工规则》第 145 页

任务 3.3　柱钢筋计算实例

任务 3.2 中，我们介绍了框架柱构件的平法钢筋构造，本任务就这些钢筋构造情况举实例计算。

计算条件：本小节所有构件的计算条件见表 3.25。

表 3.25　　　　　　钢 筋 计 算 条 件

计 算 条 件	值	计 算 条 件	值
混凝土强度	C30	h_c	柱长边尺寸
纵筋连接方式	电渣压力焊	h_b	梁高
抗震等级	一级抗震		

1. 平法施工图

KZ1 平法施工图见表 3.26。

表 3.26   **KZ1 平 法 施 工 图**

层号	顶标高	层高	顶梁高
3	10.8	3.6	700
2	7.2	3.6	700
1	3.6	4.2	700
-1	0	4.2	700
筏板基础	-4.2	基础厚 800	—

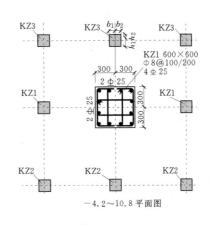

$-4.2\sim10.8$ 平面图

2. 钢筋计算

（1）计算参数。钢筋计算参数见表 3.27。

表 3.27   **KZ1 钢 筋 计 算 参 数**

参　数	值	出　处
保护层厚度 c	30mm	04G101—3 第 25 页
L_{aE}	34d	
双肢箍长度计算公式	$(b-2c+d)\times2+(h-2c+d)\times2$ $+(1.9d+10d)\times2$	
箍筋起步距离	50mm	04G101—3 第 28 页
筏板基础顶面非连接区高度	max $(h_n/6,\ h_c,\ 500)$	08G101—5 第 53 页、第 54 页
地下室顶面非连接区高度	$h_n/3$	
接头错开高度	35d	03G101—1 第 36 页

（2）钢筋计算过程见表 3.28。

表 3.28   **KZ1 钢 筋 计 算 过 程**

钢　筋	计　算　过　程	说　明
基础内插筋	基础底部弯折长度 a （基础内竖直长度 $800-40$）$>0.8L_{aE}$ （$0.8\times34\times25$） 因此，$a=$max $(6d,\ 150)=150(mm)$	04G101—3 第 32 页
	筏板基础顶面非连接区高度 $=$max $(h_n/6,\ h_c,\ 500)$ $=$max $[\ (4200-700)\ /6,\ 600,\ 500]$ $=600(mm)$	08G101—5 第 53 页、第 54 页

钢　筋	计　算　过　程	说　　明
基础内插筋	基础内插筋（低位） $=800-40+\max\ (h_n/6,\ h_c,\ 500)$ $=800-40+600$ $=1360(mm)$ 基础内插筋（高位） $=800-40+\max\ (h_n/6,\ h_c,\ 500)\ +35d$ $=800-40+600+35\times25$ $=2235(mm)$	
一1层	伸出地下室顶面的非连接区高度 $=h_n/3$ $=\ (4200-700)\ /3$ $=1167(mm)$ 一1层纵筋长度（低位） $=4200-600+1167$ $=4767(mm)$ （"600"是筏板基础顶面非连接区高度） 一1层纵筋长度（高位） $=4200-600-35d+1167+35d$ $=4767(mm)$	
1层	伸入2层的非连接区高度 $=\max\ (h_n/6,\ h_c,\ 500)$ $=\max\ [\ (3600-700)\ /6,\ 600,\ 500]$ $=600(mm)$ 1层纵筋长度（低位） $=4200-1167+600$ $=3633(mm)$ 1层纵筋长度（高位） $=4200-1167-35d+600+35d$ $=3633(mm)$	

钢 筋	计 算 过 程	说 明
2 层	伸入 3 层的非连接区高度 $=\max (h_n/6,\ h_c,\ 500)$ $=\max [\ (3600-700)\ /6,\ 600,\ 500]$ $=600(mm)$	
	2 层纵筋长度（低位） $=3600-600+600$ $=3600(mm)$	
	2 层纵筋长度（高位） $=3600-600-35d+600+35d$ $=3600(mm)$	
3 层（顶层）	（屋面框架梁高度 700）$<L_{aE}$（34×25），因此，柱顶钢筋伸至顶部混凝土保护层位置，弯折 $12d$	
	3 层纵筋长度（低位） $=3600-600-30+12\times25$ $=3270(mm)$	
	3 层纵筋长度（高位） $=3600-600-35\times25-30+12\times25$ $=2395(mm)$	
箍筋	外大箍筋长度 $=2\times[(600-2\times30+8)+(600-2\times30+8)]+2\times11.9\times8$ $=2384(mm)$	矩形箍筋及复合箍筋的计算，已在本书任务 2.2 中进行了详细讲解
	竖向里小箍筋长度 $=2\times\{[(600-2\times30+25)/3+25+8]+(600-2\times30+8)\}+2\times11.9\times8$ $=1730(mm)$	"$(600-2\times30+25)/3+25+8$"为竖向小箍筋的宽度，箍住中间两根纵筋
	横向里小箍筋长度 $=2\times\{[(600-2\times30+25)/3+25+8]+(600-2\times30+8)\}+2\times11.9\times8=1730(mm)$	
	箍筋根数： 筏板基础内，2 根矩形封闭箍	筏板基础内矩形封闭箍

续表

钢 筋	计 算 过 程	说 明
箍筋	-1层箍筋根数：7+14+11=32(根) 下端加密区根数=(600-50)/100+1=7(根) 上端加密区根数=(700+600-50)/100+1=14(根) 中间非加密区根数=(4200-600-700-600)/200-1=11(根)	
	1层箍筋根数：13+14+8=35(根) 下端加密区根数=(1167-50)/100+1=13(根) 上端加密区根数=(700+600-50)/100+1=14(根) 中间非加密区根数=(4200-1167-700-600)/200-1=8(根)	1层下端非连接高度为1167，上端非连接高度为：梁高700+$\max(h_n/6,h_c,500)$
	2、3层箍筋根数：7+14+8=29(根) 下端加密区根数=(600-50)/100+1=7(根) 上端加密区根数=(700+600-50)/100+1=14(根) 中间非加密区根数=(3600-600-700-600)/200-1=8(根)	2层、3层箍筋根数相同

【训练提高】

1. 柱的列表注写方式与截面注写方式有什么不同？在识图时有什么异同？

2. 如何识读柱中的全部纵筋？

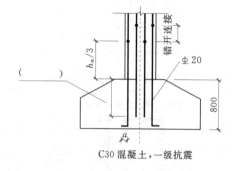

C30混凝土，一级抗震

图 3.8　训练提高第 4 题图

3. 箍筋型号 4×5 表示什么意思？

4. 在图 3.8 中填空，框架柱插筋在基础内的长度。

5. 在图 3.9 中填空，地下室框架柱纵筋的非连接区。

6. 绘制出图 3.10 中 KZ1 在二层中的上边和下边最中间那根纵筋的构造示意图。

7. 根据图 3.11 中 KZ1 的相关条件，计算其纵筋伸入顶层梁内的长度。

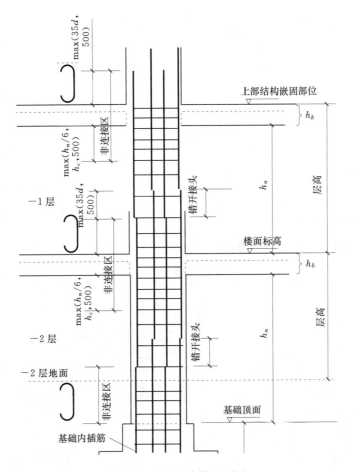

图 3.9 训练提高第 5 题图

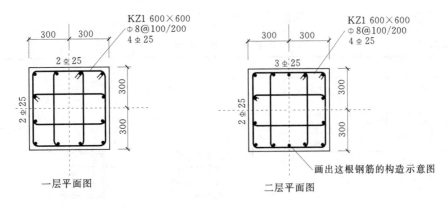

图 3.10 训练提高第 6 题图

8. 根据表3.29所示的条件，计算框架柱的 $h_n =$ _____。

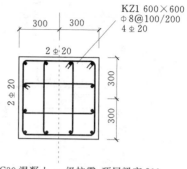

C30混凝土，一级抗震，顶层梁高800

图 3.11 训练提高第7题图

表 3.29　　　　　　**训练提高题 8 表**

层号	顶标高	层高	顶梁高
4	15.87	3.6	700
3	12.27	3.6	700
2	8.67	4.2	700
1	4.47	4.5	700
基础	−0.97	基础厚800	—

9. 计算表3.30中KZ1的钢筋。

表 3.30　　　　　　　　　　　**训 练 提 高 题 9 表**

KZ1平法施工图：

层号	顶标高	层高	顶梁高
4	15.87	3.6	700
3	12.27	3.6	700
2	8.67	4.2	700
1	4.47	4.5	700
基础	−0.97	基础厚800	—

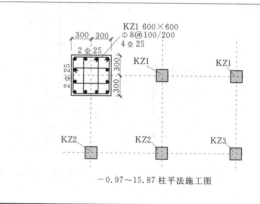

−0.97～15.87柱平法施工图

10. 计算表3.31中KZ2的钢筋。

表 3.31　　　　　　　　　　**训 练 提 高 题 10 表**

平法施工图：

层号	顶标高	层高	顶梁高
4	15.87	3.6	500
3	12.27	3.6	500
2	8.67	4.2	500
1	4.47	4.5	500
基础	−0.97	基础厚800	—

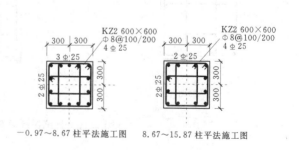

−0.97～8.67柱平法施工图　　8.67～15.87柱平法施工图

【知识拓展】

G101 系列国家建筑标准设计的要点——平法基本原理
平法创始人陈青来讲座内容（2010 年）

平法应用理论三要点：

（1）将结构设计分为创造性设计内容与重复性设计内容两部分，两部分为对应互补关系，合并构成完整的结构设计。

（2）创造性设计内容由设计工程师按照数字化、符号化的全新平面整体设计制图规则完成。

（3）重复性设计内容（主要为节点构造和构件主体构造）依据《广义标准化》思路和《构造原理》新理论编制成国家建筑标准设计。

构造原理要点提示：

（1）将钢筋混凝土结构构造分为"构件本体构造"和"节点连接构造"两大部分。明确分为两部分的工程意义之一，是解决错把构件本体构造当成节点连接构造的问题。

（2）构件本体构造的关键点：①纵向钢筋的延伸长度（截断点）；②纵向钢筋连接位置和连接方式；③横向钢筋的设置规格；④横向钢筋的构造形式；⑤构件本体加强构造为名义构件构造，例如，剪力墙边缘位置加强（暗柱、端柱及框支梁），剪力墙楼层位置加强（暗梁），主梁在次梁交叉部位加强（附加箍筋或吊筋）；等等。

特别注意：剪力墙边缘构件为名义构件（非独立构件），构造实质为构件本体加强，与节点连接构造完全不同。

（3）掌握节点连接构造的关键为按构件之间的支承关系判断谁为节点主体，谁为节点关联，如基础支撑柱（图 3.12、图 3.13），基础为节点主体柱为节点关联；柱支承梁，柱为节点主体梁为节点关联；主梁支承次梁，主梁为节点主体次梁为节点关联；梁支承板，梁为节点主体板为节点关联。

（4）然后明确其为刚性关联还是半刚性关联。如基础与柱的节点、框架柱与框架梁节点为刚性关联；主梁与次梁端节点为半刚性关联；梁与板端节点为半刚性关联。

（5）再分清节点连接构造的类型：是宽主体节点、宽关联节点、双侧同面（等宽度）节点、还是单侧同面节点（图 3.14）。当为宽主体节点时，节点关联构件纵筋的锚固效果最好；当为宽关联节点时，节点关联构件纵筋的锚固必须设箍筋；双侧同面（等宽度）节点需解决双侧钢筋冲突；单侧同面节点需解决单侧钢筋冲突。

（6）关于节点主体（图 3.15、图 3.16）：①节点属于节点主体构件，节点主体构件的功能是支承节点关联构件；②任何情况下节点主体构件的纵向钢筋和横向钢筋必须完全贯通节点。

（7）关于节点关联（图 3.17）：①节点不属于关联构件，节点关联构件本体从节点边缘起算；②当为宽主体节点时，关联构件纵筋锚入或贯通节点，但箍筋通常不进入节点；③当为宽关联节点时，关联构件纵筋锚入或贯通节点，箍筋应配合纵筋在节点内设置；④当为双侧同面节点时，关联构件纵筋的锚固将与主体构件纵筋发生冲突，关联构件纵筋锚固走主体构件纵筋内侧还是外侧应遵循"锚固可靠"原则，走内侧时锚固、连接较可靠，走外侧时应有箍筋配合锚固；⑤当为单侧同面节点时，关联构件与主体构件的同侧纵筋发生冲突，该侧关联构件纵筋的锚固或贯通有不同方式。

　　（8）特殊情况：①互为主体节点（如井字梁的交叉部位）；②互为关联节点（如独立基础与条形基础相连）；③节点关联构造过度成本体加强构造；等等。

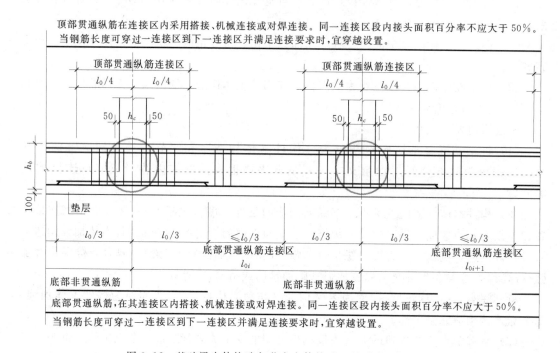

图 3.12　基础梁本体构造与节点主体构造（基础支承柱节点）

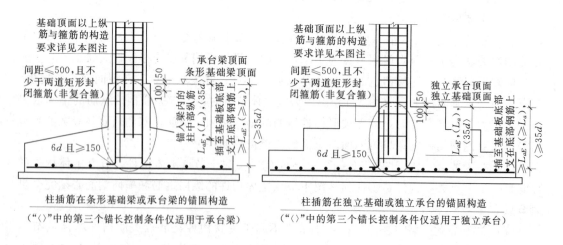

图 3.13　节点关联构造（柱与基础连接）

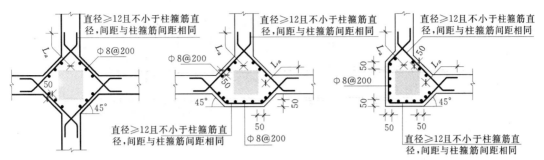

十字交叉基础梁与柱结合部侧腋构造
（各边侧腋宽出尺寸与配筋均相同）

丁字交叉基础梁与柱结合部侧腋构造
（各边侧腋宽出尺寸与配筋均相同）

无外伸基础梁与角柱结合部侧腋构造

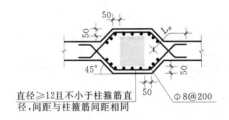

基础梁中心穿柱侧腋构造

基础梁偏心穿柱与柱结合部侧腋构造

图 3.14　基础梁包柱侧腋，将宽关联节点转为宽主体节点图示

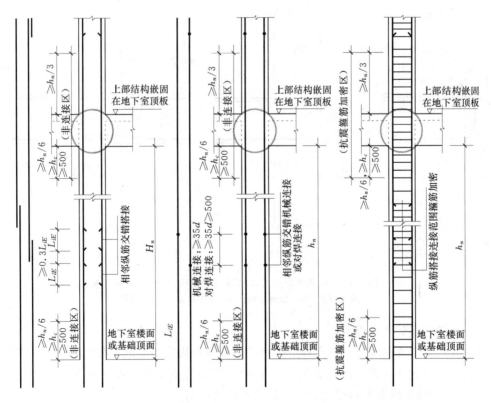

图 3.15　框架柱本体构造与节点主体构造（柱支承梁节点）

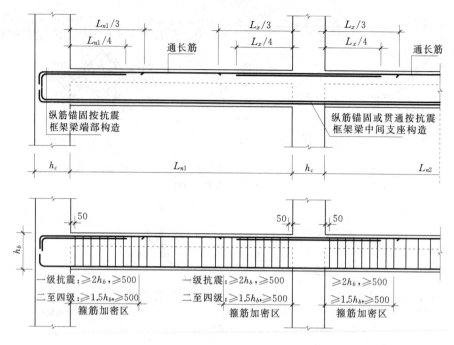

图 3.16 框架梁本体构造

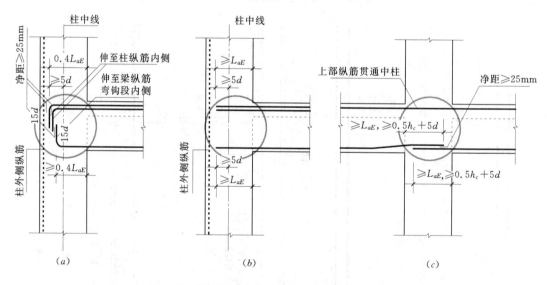

图 3.17 框架梁节点关联构造（框架梁与柱连接）

（a）纵筋弯锚；（b）纵筋直锚；（c）下部纵筋非接触锚固

平法构造的要点提示：

（1）首先分清本体构造与节点构造；然后分清节点构造的支承与被支承关系，即明确何构件起支承作用（支承者即为节点主体构件），何构件被支承（被支承者即为节点关联构件）；再而明确关联强度（刚性关联还是半刚性关联）。

（2）明确构件本体构造各个要素。

（3）明确节点主体构件纵向钢筋与横向钢筋在节点贯通设置。

（4）明确节点刚性关联构件的钢筋在节点主体内的止锚位置。例如，梁端支座的纵筋无论直锚还是弯锚，均应伸至柱内止锚位置，然后截断或弯钩；梁纵筋在柱内的止锚位置宽度为过柱中线加 $5d$ 至柱外边纵筋内侧之间的一段距离；抗震梁纵筋在边柱支座锚固，当直锚时锚长应不小于 L_{aE} 且应进入止锚位置后截断；当弯锚时应使直锚段不小于 $0.4L_{aE}$ 且应进入止锚位置后弯钩，弯钩长度为 $15d$ 即可。再如，抗震框架梁下部钢筋在中间支座节点主体的直锚长度，应为过柱中线加 $5d$ 与 L_{aE} 的较大者。如果贯穿支座到梁跨下某部位连接，应经设计人出具变更。上部纵筋贯穿节点主体。此外，注意必须满足最长尺寸才能满足锚固钢筋的多控要求。

（5）宽主体节点锚固最可靠。如遇双侧同面或单侧同面节点，受力纵筋的锚固不应全走混凝土保护层，如果不可避免，当直锚时应在不小于 L_{aE} 的纵筋锚固长度范围设置箍筋，相当于在锚固纵筋外侧配置横向约束钢筋；当弯锚时可使水平锚固段走保护层（水平锚固段也应设置横向约束钢筋），并将弯钩段扎入钢筋混凝土内（弯钩走保护层只能是半刚性关联）。

（6）当两构件或构造配筋重叠、或构件配筋与构件本体加强构造配筋重叠时，同向钢筋应取较大者设置，不需要重复设置。

（7）剪力墙身第一根竖向筋距暗柱或端柱纵筋的距离，为墙身竖向筋间距的 $1/2$；楼板的第一根钢筋距相平行梁纵筋的距离，为板筋间距的 $1/2$；剪力墙第一根水平筋距暗梁纵筋的距离，为墙身水平筋间距（相当于与暗梁纵筋联合布置）。

（8）受力纵筋"能通则通"，可以贯穿多层或多跨，但在构件主体范围连接要控制在内力较小的"适宜连接区域"。

（9）抗震构件中"受力钢筋"的搭结连接，应按搭接长度在规定的连接区域连接，例如柱纵筋的连接，梁通长钢筋的连接。

注意：非接触搭接受力更合理。

（10）应执行钢筋非连接区和混凝土非连接区的规定，确保地震破坏时的重灾区的材料安全。非连接区的箍筋非常重要，省去复合箍是违法行为。

（11）构件中的"构造钢筋"，如架立筋、侧面构造筋等按构造交错搭接长度连接，通常取 $150mm$ 或 $12d$。分布钢筋按 $5d$ 交错长度与同向受力筋连接，绑扎时应放在主筋外面。受扭筋按受拉钢筋的要求锚固和连接。

项目4 剪力墙平法识图与钢筋计算

【学习目标】

知识目标：

（1）了解剪力墙平法施工图的特点。

（2）掌握剪力墙平法施工图的识读。

（3）掌握剪力墙钢筋工程量的计算。

能力目标：

（1）具备识读剪力墙平法施工图的能力。

（2）能够计算剪力墙钢筋的工程量。

素质目标：

（1）能够耐心细致地完成剪力墙钢筋工程量的计算任务。

（2）具备一定的资料查找能力，找到03G101—1与06G901—1中有关剪力墙的平法制图规则与一般构造详图，以及与剪力墙平法识图与钢筋计算相关的学习资料。

（3）具备一定的自学能力和解决问题的能力，能读懂03G101—1与06G901—1中关于剪力墙的制图规则，并根据相关规范与图集完成剪力墙内钢筋工程量计算的工作任务。

（4）能够具备一定的团队合作精神，可以和同学讨论完成学习任务，能够与同学协作完成剪力墙内钢筋工程量的计算任务。

任务4.1 剪力墙平法识图

剪力墙平法施工图主要是用平面整体表示方法表达了剪力墙的尺寸与配筋信息。

4.1.1 剪力墙平法施工图的表达方式

剪力墙平法施工图是在剪力墙平面布置图上采用列表注写方式或截面注写方式表达的。本节主要介绍列表注写方式。

剪力墙可视为由剪力墙柱、剪力墙身和剪力墙梁三类构件组成。

列表注写方式是分别在剪力墙柱表、剪力墙身表和剪力墙梁表中，对应于剪力墙平面布置图上的编号，用绘制截面配筋图并注写几何尺寸与配筋具体数值的方式，来表达平法施工图（见03G101—1中图3.2.6a及图3.2.6b）。

编号规定：将剪力墙按剪力墙柱、剪力墙身、剪力墙梁（简称为墙柱、墙身、墙梁）三件分别编号。

1. 剪力墙身表

剪力墙身表见表4.1。

表 4.1 剪力墙身表 （举例）

编号	标高	墙厚（mm）	水平分布筋	垂直分布筋	拉筋
Q1（2排）	−0.030～30.270	300	Φ12@250	Φ12@250	Φ6@500
	30.270～59.070	250	Φ10@250	Φ10@250	Φ6@500
Q2（2排）	−0.030～30.270	250	Φ10@250	Φ10@250	Φ6@500
	30.270～59.070	200	Φ10@250	Φ10@250	Φ6@500

注 垂直分布筋也就是竖向分布钢筋。

剪力墙身表中表达的内容：

（1）注写墙身编号（含水平与竖向分布钢筋的排数）。墙身编号由墙身代号、序号以及墙身所配置的水平与竖向分布筋的排数组成，其中，排数注写在括号内。表达形式为

$$Q \times \times （\times 排）$$

例如：Q1（2排）。

在编号中，如若干墙身的厚度尺寸和配筋均相同，仅墙厚与轴线的关系或墙身长不同时，可将其编为同一墙身号。对于分布钢筋网的排数，非抗震：当剪力墙厚度大于160mm 时，应配置双排；当其厚度不大于160mm 时，宜配置双排。抗震：当剪力墙厚度不大于 400mm 时，应配置双排；当其厚度大于 400mm，但不大于 700mm 时，宜配置三排；当剪力墙厚度大于 700mm 时，宜配置四排。

各排水平分布筋和竖向分布筋的直径和根数应保持一致。

当剪力墙配置的分布钢筋多于两排时，剪力墙拉筋两端应同时钩住外排水平纵筋和竖向纵筋，还应与剪力墙内排水平纵筋和竖向纵筋绑扎在一起。

（2）注写各段墙身起止标高。自墙身根部往上以变截面位置或截面未变但配筋改变处为界分段注写。墙身根部标高是指基础顶面标高（如为框支剪力墙结构则为框支梁顶面标高）。

（3）注写水平分布钢筋、竖向分布钢筋和拉筋的具体数值。注写数值为一排钢筋和竖向分布钢筋的规格与间距，具体设置几排应在墙身编号后面表达。

需特别指出的是，剪力墙身的拉筋配置需要设计师在剪力墙身表中明确给出其钢筋规格和间距，这和梁侧面纵向构造钢筋的拉筋不需设计人员标注是截然不同的。拉筋的间距一般是水平分布钢筋和竖向分布钢筋间距的两倍或三倍。

2. 剪力墙柱表

剪力墙柱表见表 4.2。

剪力墙柱表中表达的内容：

（1）墙柱编号和墙柱的截面配筋图。

墙柱编号见表 4.3。

（2）注写各段墙柱的起止标高。

自墙柱根部往上以变截面位置或截面未变但配筋改变处为界分段注写。墙柱根部标高系指基础顶面标高（如为框支剪力墙结构则为框肢梁顶面标高）。

表 4.2　　　　　　　　　　　　　　　　剪 力 墙 柱 表（举 例）

截面	(1200×600 L形截面，300(250))	(600×600 方形截面)	(400×600 截面)	(300(250) 截面，未注明的尺寸按标准构造详图，300(250))	(400×400 截面，按墙上起柱的构造要求施工，400)
编号	GDZ1	GDZ2		GJZ4	
标高	−0.030～8.670 8.670～30.270 （30.270～59.070）	−0.030～8.670 8.670～59.070	59.070～65.670	−0.030～8.670 8.670～30.270 （30.270～59.070）	59.070～65.670
纵筋	22Φ22 22Φ20 （22Φ18）	12Φ25 12Φ22	12Φ20	16Φ22 16Φ20 （16Φ18）	12Φ18
箍筋	Φ10@100 Φ10@100/200 （Φ10@100/200）	Φ10@100 Φ10@100/200	Φ10@100/200	Φ10@150 Φ10@150 （Φ10@200）	Φ8@100

表 4.3　　　　　　　　　　　　　　　　墙 柱 编 号

墙 柱 类 型	代　号	序　号
约束边缘暗柱	YAZ	××
约束边缘端柱	YDZ	××
约束边缘翼墙（柱）	YYZ	××
约束边缘转角墙（柱）	YJZ	××
构造边缘暗柱	GAZ	××
构造边缘端柱	GDZ	××
构造边缘翼墙（柱）	GYZ	××
构造边缘转角墙（柱）	GJZ	××
非边缘暗柱	AZ	××
扶壁柱	FBZ	××

注　1. 在编号中，如若墙柱的截面尺寸与配筋均相同，仅截面与轴线的关系不同时，可将其编为同一墙柱号。

2. 对于约束边缘端柱 YDZ，需增加标注几何尺寸 $b_c×h_c$（端柱的长宽尺寸）。该柱在墙身部分的几何尺寸（翼缘长度）按本图集 YDZ 的标准构造图取值，设计不注。当设计者采用与该构造详图不同的做法时，应另行注明。

3. 对于构造边缘端柱 GDZ，需增加标注几何尺寸 $b_c×h_c$（端柱的长宽尺寸）。

4. 对于约束边缘暗柱 YAZ、翼墙（柱）YYZ、转角墙（柱）YJZ、构造边缘暗柱 GAZ、翼墙（柱）GYZ、转角墙（柱）GJZ，其几何尺寸按本图集 YAZ、YYZ、YJZ、GAZ、GYZ、GJZ 的标准构造图取值，设计不注。当设计者采用与该构造详图不同的做法时，应另行注明。

5. 对于非边缘暗柱 AZ、扶壁柱 FBZ，需增加标注几何尺寸。

（3）注写各段墙柱的纵向钢筋。

注写值应与在表中绘制的截面对应一致。纵向钢筋注写总配筋值；墙柱箍筋的注写方式与柱箍筋相同。对于约束边缘端柱 YDZ、约束边缘暗柱 YAZ、约束边缘翼墙（柱）YYZ，约束边缘转角墙（柱）YJZ，除注写 03G101—1 中图 3.2.2 和相应标准构造详图中所示阴影部位内的箍筋外，尚应注写非阴影区内布置的拉筋（或箍筋）。

3. 剪力墙梁表

剪力墙梁表见表4.4。

表 4.4　　　　　　　　　　　　剪 力 墙 梁 表

编　号	所在楼层号	梁顶相对标高高差	梁截面 $b \times h$	上部纵筋	下部纵筋	侧面纵筋	箍　筋
LL1	2～9	0.800	300×2000	4 Φ 22	4 Φ 22	同Q1水平分布筋	Φ10@100(2)
	10～16	0.800	250×2000	4 Φ 20	4 Φ 20		Φ10@100(2)
	屋面		250×1200	4 Φ 20	4 Φ 20		Φ10@100(2)
LL2	3	−1.200	300×2520	4 Φ 22	4 Φ 22	同Q1水平分布筋	Φ10@150(2)
	4	−0.900	300×2070	4 Φ 22	4 Φ 22		Φ10@150(2)
	5～9	−0.900	300×1770	4 Φ 22	4 Φ 22		Φ10@150(2)
	10～屋面	−0.900	250×1770	3 Φ 22	3 Φ 22		Φ10@150(2)

剪力墙梁表中表达的内容：墙梁编号见表4.5。

表 4.5　　　　　　　　　　　　墙 梁 编 号

墙梁类型	代　号	序　号
连梁（无交叉暗撑及交叉钢筋）	LL	××
连梁（有交叉暗撑）	LL(JC)	××
连梁（有交叉钢筋）	LL(JG)	××
暗梁	AL	××
边框梁	BKL	××

注 1. 在具体工程中，当某些墙身需设置暗梁或边框梁时，宜在剪力墙平法施工图中绘制暗梁或边框梁的平面布置简图并编号（见03G101—1中图3.2.6a），以明确其具体位置。

2. 注写墙梁所在楼层号。

3. 注写墙梁顶面标高高差：系指相对于墙梁所在结构层楼面标高的高差值，高于者为正值，低于者为负值，当无高差时不注。

4. 注写墙梁截面尺寸 $b \times h$、上部纵筋、下部纵筋和箍筋的具体数值。

5. 墙梁侧面纵筋的配置：当墙身水平分布钢筋满足连梁、暗梁及边框梁的梁侧面构造钢筋的要求时，该筋配置同墙身水平分布钢筋，表中不注，施工按标准构造详图的要求即可；当不满足时，应在表中注明梁侧面纵筋的具体数值。

6. 当连梁设有斜向交叉暗撑时［代号为LL(JC) ×× 且连梁截面宽度不小于400mm］，注写一根暗撑的全部纵筋，并标注×2表明有两根暗撑相互交叉，以及箍筋的具体数值（用斜线分隔斜向交叉暗撑箍筋加密区与非加密区的不同间距）。暗撑截面尺寸按构造确定，并按标准构造详图施工，设计不注。当设计者采用与本构造详图不同的做法时，应另行注明。

7. 当连梁设有斜向交叉钢筋时［代号为LL(JG) ×× 且连梁截面宽度小于400mm但不小于200mm］，注写一道斜向钢筋的配筋值，并标注×2表明有两道斜向钢筋相互交叉。当设计人员采用与本构造详图不同的做法时，应另行注明。

8. 施工时应注意：设置在墙顶部的连梁，其箍筋构造和斜向交叉暗撑、斜向交叉钢筋构造与非顶部的连梁有所不同，应按各自相应的构造详图施工。

4.1.2　剪力墙结构中包含哪些构件

03G101—1中的剪力墙结构包含"一墙、二柱、三梁"，这就是说，包含一种墙身、两种墙柱、三种墙梁。

1. 一种墙身

剪力墙的墙身（Q）就是一道混凝土墙，常见的墙厚度在 200mm 以上，一般配置两排钢筋网，也可能配置三排以上的钢筋网。

剪力墙身的钢筋网设置水平分布筋和垂直分布筋（即竖向分布筋）。布置钢筋时，把水平分布筋放在外侧，垂直分布筋放在水平分布筋的内侧。因此，剪力墙的保护层是针对水平分布筋而言的（图 4.1）。

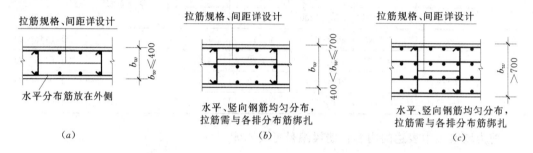

图 4.1　剪力墙身的钢筋网设置

（a）剪力墙双排配筋；（b）剪力墙三排配筋；（c）剪力墙四排配筋

剪力墙身采用拉筋把外侧钢筋网和内侧钢筋网连接起来。如果剪力墙身设置三排或更多排的钢筋网，拉筋还要把中间排的钢筋网固定起来。剪力墙的各排钢筋网的钢筋直径和间距是一致的。

2. 两种墙柱

剪力墙柱分成两大类：暗柱和端柱。暗柱的宽度等于墙的厚度，是隐藏在墙内看不见的。端柱的宽度比墙厚度要大，在 03G101－1 第 18 页中规定，端柱 YDZ 的长宽尺寸要大于等于两倍墙厚。

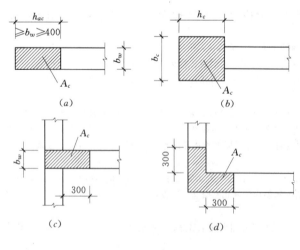

图 4.2　构造边缘构件

（a）构造边缘暗柱 GAZ；（b）构造边缘端柱 GJZ；（c）构造边缘翼墙（柱）GYZ；（d）构造边缘转角墙（柱）GJZ

03G101－1 中把暗柱和端柱统称为"边缘构件"，因为这些构件被设置在墙肢边缘部位。（墙肢可以理解为一个直墙段。）

03G101－1 中把这些边缘构件又划分为两大类："构造边缘构件"和"约束边缘构件"，构造边缘构件在编号时以字母 G 打头（图 4.2），约束边缘构件在编号时以字 Y 打头（图 4.3）。这两类构件的区别在图集第 18 页上可以看到，配筋的区别见第 49 页和第 50 页。

图集还把暗柱分成端部暗柱（GAZ 或 YAZ）、边缘翼墙柱（GYZ

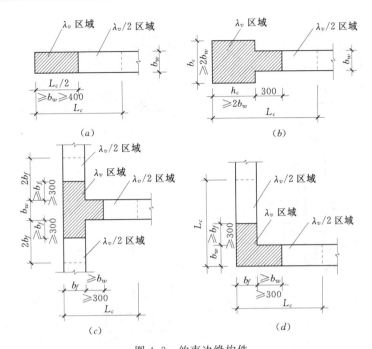

图 4.3　约束边缘构件

(a) 约束边缘暗柱 YAZ；(b) 约束边缘端柱 YDZ；(c) 约束边缘翼墙（柱）YYZ；(d) 约束边缘转角墙（柱）YJZ

或 YYZ）和边缘转角墙柱（GJZ 或 YJZ）。

3. 三种墙梁

03G101—1 中的三种剪力墙梁是连梁（LL）、暗梁（AL）和边框梁（BKL），第 51 页给出了连梁的钢筋构造详图，但对于暗梁和边框梁只给出一个断面图（图 4.4）。

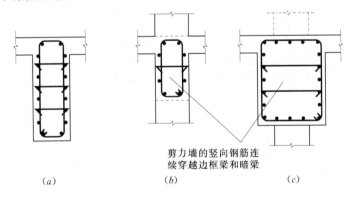

剪力墙的竖向钢筋连续穿越边框梁和暗梁

图 4.4　暗梁和边框梁

(a) LL；(b) AL；(c) BKL

（1）连梁（LL）。如图 4.4（a）所示，连梁（LL）其实是一种特殊的墙身，它是上下楼层窗（门）洞口之间的那部分水平的窗间墙（对于同一楼层相邻两个窗口之间的垂直窗间墙，一般是暗柱）。连梁的截面高度一般都在 2000mm 以上，这表明连梁是从本楼层窗洞口的上边沿直到上一楼层的窗台处。

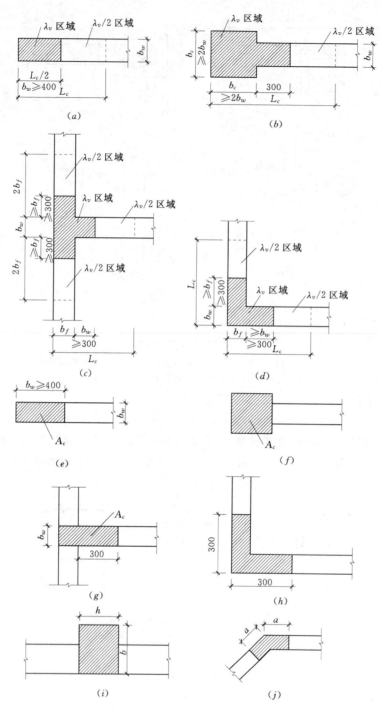

图 4.5 各类墙柱的截面形状与计算尺寸

（a）约束边缘暗柱 YAZ；（b）约束边缘端柱 YDZ；（c）约束边缘翼墙（柱）YYZ；（d）约束边缘端柱（柱）YJZ；
（e）构造边缘暗柱 GAZ；（f）构造边缘端柱 GDZ；（g）构造边缘翼柱（柱）GYZ；
（h）构造边缘转角（柱）GJZ；（i）扶壁柱 FBZ；（j）非边缘暗柱 AZ

（2）暗梁（AL）。如图 4.4（b）所示，暗梁（AL）与暗柱有些共同性，都是隐藏在墙身内部看不见的构件，是墙身的一个水平线性"加强带"。暗梁不是梁。03G101—1 里没有对暗梁的构造作出详细的介绍，只在第 51 页给出一个略图。因此，暗梁的配筋就是按照这个断面图所标注的钢筋截面全长贯通布置的。

（3）边框梁（BKL）。如图 4.4（c）所示，边框梁（BKL）是设置在楼板以下的部位，也不是一个受弯构件，所以也不是梁；03G101—1 只在第 51 页给出一个暗梁的断面图。因此，边框梁的配筋就是按照这个断面图所标注的钢筋截面全长贯通布置。

但边框梁和暗梁不一样，它的截面宽度比暗梁宽，即边框梁的截面宽度大于墙身厚度，因而形成了凸出剪力墙墙面的一个"边框"。由于边框梁与暗梁都设置在楼板下的部位，有了边框梁就可以不设暗梁。

4.1.3 各类墙柱的截面形状与计算尺寸

各类墙柱的截面形状与计算尺寸见图 4.5。

对各类墙柱计算的解释见表 4.6。

表 4.6　　　　　　约束边缘构件沿墙肢的长度 L_c 及配筋特征值 λ_v

抗震等级（设防烈度）		一级（Ⅸ度）	一级（Ⅶ、Ⅷ度）	二　级
λ_v		0.2	0.2	0.2
L_c（mm）	暗柱	$0.25h_w$、$1.5h_w$、450 中的最大值	$0.25h_w$、$1.5h_w$、450 中的最大值	$0.2h_w$、$1.5h_w$、450 中的最大值
	端柱、翼墙或转角墙	$0.2h_w$、$1.5h_w$、450 中的最大值	$0.15h_w$、$1.5h_w$、450 中的最大值	$0.15h_w$、$1.5h_w$、450 中的最大值

注　1. 翼墙长度小于其厚度 3 倍时，视为无翼墙剪力墙；端柱截面边长小于墙厚 2 倍时，视为无端柱剪力墙。
　　2. 约束边缘构件沿墙肢长度，除满足表中的要求外，当有端柱、翼墙或转角墙时，尚应不小于翼墙厚度或墙柱沿墙肢方向截面高度加 300mm。
　　3. 约束边缘构件的箍筋或拉筋沿竖向的间距，对一级抗震等级不宜大于 100mm。
　　4. h_w 为剪力墙墙肢的长度。

4.1.4 剪力墙各类构件的钢筋构造

4.1.4.1 柱和墙插筋在基础主梁中的锚固构造

当剪力墙下面的基础是"梁板式筏形基础"时，剪力墙的竖向钢筋（包括墙身的垂直分布筋和暗柱的纵筋）锚固在基础主梁中，其锚固构造见 04G101—3 第 32 页。

1. 竖向分布钢筋的基础插筋〔图 4.6（a）〕

（1）竖向分布钢筋应"坐底"，插至基础梁底部，支在梁底部纵筋上；而且要求在基础梁内部的直锚长度不小于 $0.5L_{aE}$（$\geqslant 0.5L_a$）；竖向分布钢筋的下端弯直钩长度 a 与直锚长度（即锚固竖直长度）有关，见表 4.7。

表 4.7　　　　　　柱墙插筋锚固竖直长度与弯钩长度对照表

锚 固 竖 直 长 度	弯钩长度 a	锚 固 竖 直 长 度	弯钩长度 a
$\geqslant 0.5L_{aE}$（$\geqslant 0.5L_a$）	$12d$ 且 $\geqslant 150$	$\geqslant 0.7L_{aE}$（$\geqslant 0.5L_a$）	$8d$ 且 $\geqslant 150$
$\geqslant 0.6L_{aE}$（$\geqslant 0.5L_a$）	$10d$ 且 $\geqslant 150$	$\geqslant 0.8L_{aE}$（$\geqslant 0.5L_a$）	$6d$ 且 $\geqslant 150$

（2）剪力墙竖向分布钢筋插入基础内部时，需要布置间距不大于 500mm，且不少于

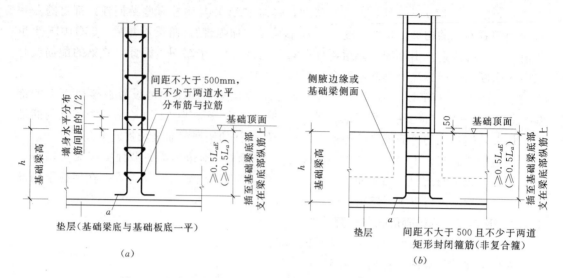

图 4.6　竖向分布钢筋的基础插筋和剪力墙暗柱纵筋的基础插筋

两根的水平分布筋，以保证浇筑振捣混凝土时插筋的稳定。这些水平分布筋都需要设置拉筋（即拉筋间距也不大于 500mm）。

（3）基础顶面以上的剪力墙竖向分布钢筋的第一道水平分布筋到基础顶面的距离为墙身水平分布筋间距的 1/2。

2. 剪力墙暗柱纵筋的基础插筋［图 4.6（b）］

（1）暗柱纵筋应"坐底"，插至基础梁底部，支在梁底部纵筋上；而且要求在基础梁内部的直锚长度不小于 $0.55L_{aE}$（$\geqslant 0.5L_a$）；暗柱纵筋的下端弯直钩长度 a 与直锚长度（即锚固竖直长度）有关，见表 4.7。

（2）剪力墙暗柱纵筋插入基础内部时，需要布置间距不大于 500mm，且不少于两根的箍筋，为保证浇筑振捣混凝土时插筋的稳定（这些箍筋仅需要外箍）。

（3）基础顶面以上的剪力墙暗柱纵筋的第一道箍筋到基础顶面的距离为箍筋间距的 1/2。

4.1.4.2　柱和墙插筋在基础平板中的锚固构造

当剪力墙下面的基础是"平板式筏形基础"时，剪力墙的竖向钢筋（包括墙身的垂直分布筋和暗柱的纵筋）锚固在基础平板中，其锚固构造见 04G101—3 第 45 页。此时要注意插筋在基础平板中的锚固构造与基础主梁中锚固构造的不同点。

1. 当基础平板的厚度 $h \leqslant 2000$mm 时

竖向分布钢筋和暗柱纵筋的基础插筋都要"坐底"，即插至基础梁底，支在梁底部纵筋上。因此，这时候竖向分布钢筋和暗柱纵筋基础插筋的锚固构造与柱和墙插筋在基础主梁中的锚固构造类似（图 4.7）。

2. 当基础平板的厚度 $h > 2000$mm 时

当基础平板的厚度 $h > 2000$mm 时，在基础板中部要设置"中部钢筋网"，此时的竖向分布钢筋和暗柱纵筋的基础插筋不是插到基础板底部，而是插至基础板中部，支在中部钢筋网上（图4.8）。

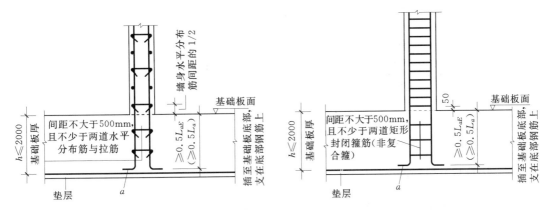

图 4.7　竖向分布钢筋和暗柱纵筋的基础插筋（$h \leqslant 2000$mm 时）

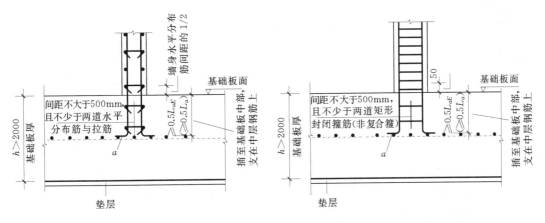

图 4.8　竖向分布钢筋和暗柱纵筋的基础插筋（$h > 2000$mm 时）

除了不是"坐底"以外，这时竖向分布钢筋和暗柱纵筋基础插筋的锚固构造，与柱和墙插筋在基础主梁中的锚固构造类似，只不过在计算基础插筋的直锚长度（即锚固竖直长度）时，只能算到基础的中部钢筋网。

4.1.4.3　暗柱和端柱的钢筋构造

暗柱的钢筋设置包括暗柱的纵筋、箍筋和拉筋。

端柱的钢筋设置也是包括暗柱的纵筋、箍筋和拉筋。在框架—剪力墙结构中的端柱经常担当框架结构中的框架柱的作用，这时候端柱的钢筋构造应遵照框架柱的钢筋构造。

暗柱和端柱在03G101—1中统称为边缘构件，并且把它们划分为约束边缘构件和构造边缘构件两大类，下面分别介绍构造边缘构件和约束边缘构件的钢筋构造和适应范围。

4.1.4.4　构造边缘构件 GAZ、GDZ、GYZ、GJZ 构造

构造边缘构件 GAZ、GDZ、GYZ、GJZ 构造见03G101—1第50页，规定了构造边缘暗柱和端柱的纵筋和箍筋的构造，以及暗柱和端柱纵向钢筋的连接构造。

（1）构造边缘端柱 GDZ 仅在矩形柱的范围内布置纵筋和箍筋。且箍筋为复合箍筋，与框架柱类似。

但在 03G101—1 第 50 页的端柱断面图中没有规定端柱伸出的翼缘长度，也没有在伸出的翼缘上布置箍筋（图 4.9）。但是，不能由此断定构造边缘端柱就一定没有翼缘。

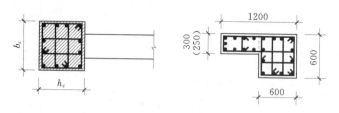

图 4.9　构造边缘端柱 GDZ

（2）构造边缘暗柱的构造（图 4.10）。

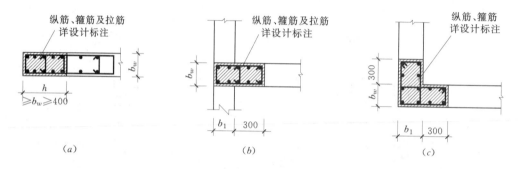

图 4.10　构造边缘暗柱、翼墙（柱）、转角墙（柱）
（a）构造边缘暗柱 GAZ；（b）构造边缘翼墙（柱）GYZ；（c）构造边缘转角墙（柱）GJZ

（3）构造边缘构件纵向钢筋连接构造（03G101—1 第 50 页所示）。

1）钢筋直径大于 28mm 时采用机械连接，第一个连接点距楼板顶面或基础顶面不小于 500mm，相邻钢筋交错连接，错开距离 35d。

2）钢筋直径不大于 28mm 时搭接构造：搭接长度 1.2L_{aE}，交错搭接，错开距离 500mm。HPB235 钢筋端头加 180°弯钩。

4.1.4.5　约束边缘构件 YAZ、YDZ、YYZ、YJZ 构造

约束边缘构件 YAZ、YDZ、YYZ、YJZ 构造见 03G101—1 第 49 页，规定了约束边缘暗柱和端柱纵筋和箍筋的构造，以及暗柱和端柱纵向钢筋的连接构造。

（1）约束边缘端柱 YDZ 与构造边缘端柱 GDZ 的共同点和不同点。

1）共同点。是在矩形柱的范围内布置纵筋和箍筋。其纵筋和箍筋布置与框架柱类似，尤其是在框剪结构中端柱往往会兼当框架柱的作用。

2）不同点。是：①约束边缘端柱 YDZ 的"λ_v 区域"，不但包括矩形柱部分，而且伸出一段翼缘。从 03G101—1 第 18 页和第 49 页都可以看到，这段伸出翼缘的净长度为 300mm；②与构造边缘端柱 GDZ 不同的是，约束边缘端柱 YDZ 还有一个"$\lambda_v/2$ 区域"，这部分的配筋特点为加密拉筋。

（2）约束边缘暗柱与构造边缘暗柱的共同点和不同点。

1）共同点。是在暗柱的端部或者角部都有一个阴影部分。在 03G101—1 第 49 页图中的引注标明"纵筋、箍筋及拉筋详设计标注"。

凡是拉筋都应该拉住纵横方向的钢筋，所以，暗柱的拉筋也要同时钩住暗柱的纵筋和箍筋。

2）不同点。是：约束边缘暗柱除了阴影部分（即配箍区域）以外，在阴影部分与墙身之间还存在一个"虚线区域"，这部分的配筋特点为加密拉筋，且每个竖向分布筋都设置拉筋。

（3）约束边缘构件纵向钢筋连接构造。各级抗震等级钢筋直径大于 28mm 时采用机械连接，第一个连接点距楼板顶面或基础顶面不小于 500mm，相邻钢筋交错连接，错开距离 35d。

一、二级抗震等级钢筋直径不大于 28mm 时搭接构造：搭接长度 1.2L_{aE}，交错搭接，错开距离 500mm。HPB235 钢筋端头加 180°弯钩。

4.1.4.6 剪力墙身钢筋的基本构造

剪力墙身的钢筋设置包括：水平分布筋、垂直分布筋和拉筋。

一般剪力墙身设置两层或两层以上的钢筋网，而各排钢筋网的钢筋直径和间距是一致的。剪力墙身采用拉筋把外侧钢筋网和内侧钢筋网连接起来。如果剪力墙身设置三层或更多层的钢筋网，拉筋还要把中间层的钢筋网固定起来。

下面分别讨论剪力墙身的水平分布筋和垂直分布筋的构造。

1. 剪力墙身水平钢筋构造

剪力墙身的主要受力钢筋是水平分布筋，所以首先讨论水平分布筋的构造。03G101—1 第 47 页的标题就是"剪力墙身水平钢筋构造"。

内容包括：水平钢筋在剪力墙身中、在暗柱中和在端柱中的构造。

（1）水平钢筋在剪力墙身中的构造。

1）剪力墙多排配筋的构造。03G101—1 第 47 页的下方给出了剪力墙布置两排配筋、三排配筋和四排配筋时的构造图（见图 4.1），其特点是：

①剪力墙布置两排配筋、三排配筋和四排配筋的条件为：当墙厚度不大于 400mm 时，设置两排钢筋网；当 400mm＜墙厚度≤700mm 时，设置三排钢筋网；当墙厚度大于 700mm 时，设置四排钢筋网。

②剪力墙身的各排钢筋网设置水平分布筋和垂直分布筋。布置钢筋时，把水平分布筋放在外侧，垂直分布筋放在水平分布筋的内侧。

③拉筋要同时钩住水平分布筋和垂直分布筋。

2）剪力墙水平钢筋的搭接构造。剪力墙水平钢筋的搭接长度不小于 L_{aE}（不小于 L_a），沿高度每隔一根错开搭接，相邻两个搭接区之间错开的净距离不小于 500mm。

3）无暗柱时剪力墙水平钢筋的锚固构造。03G101—1 中把它叫做"锚固构造"，其实它不同于框架梁以框架柱为支座的那种锚固，因为墙身的端部不构成墙身的支座，可以把剪力墙水平钢筋的锚固构造看成是剪力墙水平钢筋到了墙肢端部的一种"收边"构造。

a. 端部 U 形筋与墙身水平钢筋搭接 L_{aE}（L_a），墙端部设置双列拉筋。这种方案适用于墙厚较小的情况。

b. 墙身两侧水平钢筋伸至墙端弯钩 15d，墙端部设置双列拉筋。

（2）水平分布筋在暗柱中的构造。

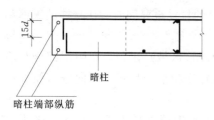

图 4.11 剪力墙水平分布筋在
端部暗柱墙中的构造

1）剪力墙水平分布筋在端部暗柱墙中的构造（图 4.11）。剪力墙的水平分布筋从暗柱纵筋的外侧插入暗柱，伸到暗柱端部纵筋的内侧，然后弯 $15d$ 的直钩。

2）剪力墙水平钢筋在翼墙柱中的构造［图 4.12（a）］。端墙两侧的水平分布筋伸至翼墙对边，顶着暗柱外侧纵筋的内侧后弯钩 $15d$。如果剪力墙设置了三排、四排钢筋，则墙中间的各排水平分布筋同上述构造。

3）剪力墙水平钢筋在转角墙柱中的构造［图 4.12（b）］。剪力墙的外侧水平分布筋从暗柱纵筋的外侧通过暗柱，绕出暗柱的另一侧后同另一侧的水平分布筋搭接不小于 $1.2L_{aE}$（不小于 $1.2L_a$），上下相邻两排水平筋交错搭接，错开距离不小于 500mm。

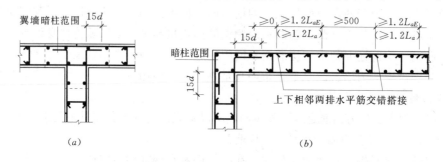

图 4.12 剪力墙水平钢筋在翼墙柱、直墙端柱中的构造
（a）翼墙；（b）转角墙（外侧水平筋连续通过转弯）

（3）水平钢筋在端柱中的构造。

1）剪力墙水平钢筋在直墙端柱中的构造［图 4.13（c）］。剪力墙水平钢筋伸至端柱对边，并且保证直锚长度不小于 $0.4L_{aE}$（$0.4L_a$），然后弯 $15d$ 的直钩。

剪力墙水平钢筋伸至对边不小于 L_{aE}（L_a）时可不设弯钩。

2）剪力墙水平钢筋在翼墙端柱中的构造［图 4.13（b）］。剪力墙水平钢筋伸至端柱对边，并且保证直锚长度不小于 $0.4L_{aE}$（$0.4L_a$），然后弯 $15d$ 的直钩。

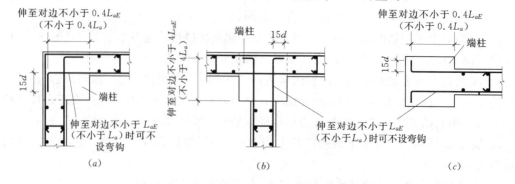

图 4.13 剪力墙水平钢筋在转角墙端柱、翼墙端柱、直墙端柱中的构造

剪力墙水平钢筋伸至对边不小于 $L_{aE}(L_a)$ 时可不设弯钩。

3）剪力墙水平钢筋在转角墙端柱中的构造［图 4.13（a）］。剪力墙外侧水平分布筋从端柱纵筋的外侧通过端柱，绕出端柱的另一侧以后同另一侧的水平分布筋搭接，其搭接方式可参考"转角墙暗柱"的相关构造。

剪力墙内侧水平钢筋伸至端柱对边，并且保证直锚长度不小于 $0.4L_{aE}(0.4L_a)$，然后弯 $15d$ 的直钩。

剪力墙内侧水平钢筋伸至对边不小于 $L_{aE}(L_a)$ 时可不设弯钩。

2. 剪力墙墙身竖向钢筋构造

03G101—1 第 48 页的内容包括：垂直分布筋在剪力墙身中的构造、剪力墙竖向钢筋顶部构造、剪力墙变截面处竖向钢筋构造和剪力墙竖向分布筋连接构造。

在阅读 03G101—1 剪力墙构造的有关内容时，需要分清楚"竖向钢筋"和"竖向分布筋"这两个不同名词的不同内涵：竖向钢筋包括墙身的竖向分布筋和墙柱（暗柱和端柱）的纵向钢筋，而"竖向分布筋"仅仅包括剪力墙身钢筋网中的垂直分布筋（即竖向分筋）。

（1）垂直分布筋（即竖向分布筋）在剪力墙身中的构造。

03G101—1 第 48 页的左部给出了剪力墙布置两排配筋、三排配筋和四排配筋的构造图，其特点同"剪力墙多排配筋的构造"。

（2）剪力墙竖向钢筋顶部构造。

"剪力墙竖向钢筋顶部构造"包含墙柱和墙身的竖向钢筋顶部构造。

03G101—1 第 48 页的左上角给出了两幅剪力墙竖向钢筋顶部构造图（图 4.14）：图 4.14（a）为边柱或边墙的竖向钢筋顶部构造；图 4.14（b）为中柱或中墙的竖向钢筋顶部构造。它们的共同点是：

剪力墙竖向钢筋弯锚入屋面板或楼板内，从板底开始、伸入屋面板或楼板的长度为 $L_{aE}(L_a)$。

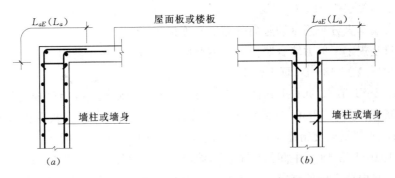

图 4.14 边柱或边墙的竖向钢筋顶部构造、中柱或中墙的竖向钢筋顶部构造

（3）剪力墙变截面处竖向钢筋构造。

剪力墙变截面处竖向钢筋构造包含墙柱和墙身的竖向钢筋变截面构造。03G101—1 第 48 页的下部给出了三幅剪力墙变截面处竖向钢筋构造图（图 4.15），下面介绍一下这三幅变截面构造图。

1）中柱或中墙的竖向钢筋变截面构造。03G101—1 第 48 页的下部给出了的图 4.15（a）为边柱或边墙的竖向钢筋变截面构造；图 4.15（b）、（c）是中柱或中墙的竖向钢筋变截面构造，这两幅图的钢筋构造做法分别为：图 4.15（b）的构造做法为当前楼层的墙柱和墙身的竖向钢筋伸到楼板顶部以下然后弯折到对边切断，上一层的墙柱和墙身竖向钢筋插入当前楼层 $1.5L_{aE}(1.5L_a)$；图 4.15（c）的做法是当前楼层的墙柱和墙身的竖向钢筋不切断，而是以 1/6 钢筋斜率的方式弯曲伸到上一楼层［图 4.15（b）、（c）］。

2）边柱或边墙的竖向钢筋变截面构造［图 4.15（a）］。边柱或边墙外侧的竖向钢筋垂直地通到上一楼层，这符合"能通则通"的原则。

边柱或边墙内侧的竖向钢筋伸到楼板顶部以下然后弯折到对边切断，上一层的墙柱和墙身竖向钢筋插入当前楼层 $1.5L_{aE}$（$1.5L_a$）。

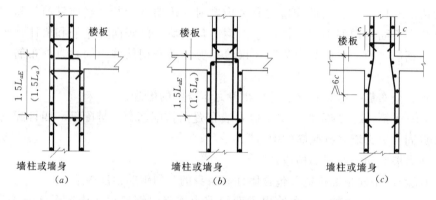

图 4.15　剪力墙变截面处竖向钢筋构造

3）上下楼层竖向钢筋规格发生变化时的处理。上下楼层的竖向钢筋规格发生变化称为"钢筋变截面"。此时的构造做法可以选用 03G101—1 第 48 页中图的做法：当前楼层的墙柱和墙身的竖向钢筋伸到楼板顶部以下然后弯折到对边切断，上一层的墙柱和墙身竖向钢筋插入当前楼层 $1.5L_{aE}(1.5L_a)$。

（4）**剪力墙垂直分布筋（即竖向分布筋）连接构造。**

在这里只是规定了剪力墙身竖向分布钢筋的连接构造。至于剪力墙柱竖向钢筋的连接构造在 03G101—1 第 48～50 页中给出。

1）03G101—1 第 48 页右上角图对剪力墙竖向分布钢筋机械连接的规定如下：剪力墙竖向分布钢筋直径大于 28mm 时采用机械连接，第一个连接点距楼板顶面或基础顶面不小于 500mm，相邻钢筋交错连接，错开距离 35d，如图 4.16（b）所示。

2）03G101—1 第 48 页中间给出了剪力墙竖向分布钢筋的绑扎搭接构造：一、二级抗震等级剪力墙竖向分布钢筋直径不大于 28mm 时搭接构造，搭接长度 $1.2L_{aE}$，交错搭接，相邻搭接点错开净距离 500mm，HPB235 钢筋端头加 180°的弯钩，如图 4.16（a）所示；三、四级抗震等级或非抗震剪力墙竖向分布钢筋直径不大于 28mm 时可在同一部位连接，HPB235 钢筋端头加 180°的弯钩。

（5）**小墙肢的处理。**

03G101—1 第 48 页的注 1 指出：端柱、小墙肢的竖向钢筋与箍筋构造与框架柱

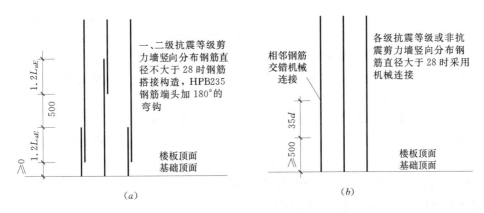

图 4.16 剪力墙柱竖向钢筋的连接构造

相同；其中抗震竖向钢筋构造详见第 36～38 页，抗震箍筋构造详见第 40 页，即抗震框架柱 KZ 纵向钢筋连接构造、抗震 KZ 边柱和角柱柱顶纵向钢筋构造、抗震 KZ 中柱柱顶纵向钢筋构造、抗震 KZ 柱变截面位置纵向钢筋构造和抗震 KZ 箍筋加密区范围。

03G101—1 第 48 页的注 2 对小墙肢有一个明确的解释：本图集所指小墙肢为截面高度不大于截面厚度 3 倍的矩形截面独立墙肢。

4.1.4.7 剪力墙暗梁 AL 钢筋构造

剪力墙暗梁的钢筋种类包括纵向钢筋、箍筋、拉筋、暗梁侧面的水平分布筋。

03G101—1 关于剪力墙暗梁 AL 钢筋构造只在第 51 页有一个断面图，所以可以认为暗梁的纵筋是沿墙肢方向贯通布置，而暗梁的箍筋也是沿墙肢方向全长均匀布置，不存在箍筋加密区和非加密区。

关于暗梁要掌握下面几方面的内容：

（1）暗梁是剪力墙的一部分，其不存在"锚固"的问题，只有"收边"的问题。

（2）墙身水平分布筋按其间距在暗梁箍筋的外侧布置（图 4.17）。

（3）墙身垂直分布筋穿越暗梁［图 4.17（a）、（b）］。

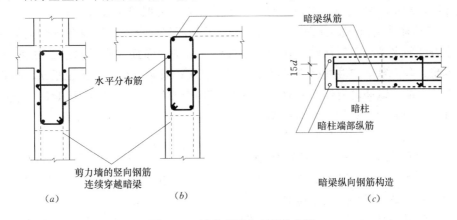

图 4.17 墙身水平分布筋的布置

（4）暗梁的箍筋。

1）尺寸和位置。由于暗梁的宽度就是墙的厚度，所以，暗梁的宽度计算以墙厚作为基数。当墙厚减去两侧的保护层，就到了水平分布筋的外侧；再减去两个水平分布筋直径，才到了暗梁箍筋的外侧，再减去两个暗梁箍筋直径，才到达暗梁箍筋的内侧。所以暗梁箍筋宽度 b 的计算式为

箍筋宽度 b＝墙厚－2×保护层－2×水平分布筋直径－2×箍筋直径

2）关于暗梁箍筋的高度计算。这是一个颇有争议的话题。由于暗梁的上方和下方都是混凝土墙身，所以不存在面临一个保护层的问题。因此，在暗梁箍筋高度计算中，是采用暗梁的标注高度尺寸直接作为暗梁箍筋的高度，还是需要把暗梁的标注高度减去保护层应根据一般的习惯，人们往往采用下面的计算式

箍筋高度＝暗梁标注高度－2×保护层

3）关于暗梁箍筋根数的计算。暗梁箍筋的分布规律，权威的答案是：距暗柱主筋中心为暗梁箍筋间距的 1/2 的地方布置暗梁的第一根箍筋。

（5）暗梁的拉筋。

拉筋直径：当梁宽不大于 350mm 时为 6mm，梁宽大于 350mm 时为 8mm，拉筋间距为两倍箍筋的间距，竖向沿侧面水平筋隔一拉一。

（6）暗梁的纵筋。

从暗梁的基本概念也可以知道，暗梁的长度是整个墙肢，所以暗梁纵筋也应贯通整个墙肢。暗梁纵筋在墙肢端部的收边构造是弯 $15d$ 直钩。

1）暗梁纵筋在暗柱中的构造：

a. 暗梁纵筋在端部暗柱墙中的构造如图 4.17（c）所示，暗梁纵筋从暗柱纵筋的内侧伸入暗柱，伸到暗柱端部纵筋的内侧，然后弯 $15d$ 的直钩；

b. 暗梁纵筋在翼墙柱中的构造。端墙的暗梁纵筋伸至翼墙对边，顶着暗柱外侧纵筋的内侧后弯钩 $15d$。

2）暗梁纵筋在端柱中的构造：

a. 当端柱凸出墙面之外时，暗梁的纵筋在端柱纵筋之内伸入端柱，暗梁纵筋伸至端柱对边之后，弯 $15d$ 的直钩，当伸至对边不小于 $L_{aE}(L_a)$ 时可不设弯钩；

b. 当"端柱外侧面与墙身齐平"时，"端柱外侧面与墙身齐平"时各种钢筋的层次关系是：剪力墙的水平分布筋从端柱外侧绕过端柱，水平分布筋与端柱箍筋处在第一层次；垂直分布筋、暗梁箍筋和端柱外侧纵筋处在第二层次；暗梁纵筋处在第三层次。所以，暗梁的纵筋是在端柱纵筋之内伸入端柱。暗梁纵筋伸至端柱对边之后，弯 $15d$ 的直钩；当伸至对边不小于 $L_{aE}(L_a)$ 时可不设弯钩。

4.1.4.8　剪力墙边框梁 BKL 配筋构造

剪力墙边框梁的钢筋种类包括纵向钢筋、箍筋、拉筋、边框梁侧面的水平分布筋。

03G101—1关于剪力墙边框梁 BKL 钢筋构造只在 03G101—1 第 51 页有一个断面图。

关于边框梁要掌握下面几方面的内容。

（1）边框梁是剪力墙的一部分。其纵筋不存在"锚固"的问题，只有"收边"的问题。

（2）墙身水平分布筋按其间距在边框梁箍筋的内侧通过。边框梁侧面纵筋的拉筋是同时钩住边框梁的箍筋和水平分布筋。在边框梁上部纵筋和下部纵筋的位置上不需布置水平分布筋。

（3）墙身垂直分布筋穿越边框梁 [图 4.18（a）]。剪力墙的边框梁不是剪力墙身的支座，只是剪力墙的加强带。剪力墙竖向钢筋不能锚入边框梁；如果当前层是中间楼层，则剪力墙竖向钢筋穿越边框梁直伸入上一层；如果当前层是顶层，则剪力墙竖向钢筋应该穿越边框梁锚入现浇板内。

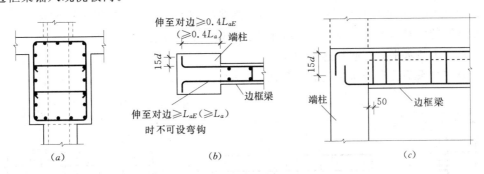

图 4.18　墙身垂直分布筋构造、边框梁的构造

（a）剪力墙的竖向钢筋连续穿越边框梁；（b）边框梁在端柱的锚固；（c）边框梁的箍筋构造

4.1.4.9　剪力墙连梁 LL 配筋构造

1. 剪力墙连梁 LL 基本配筋构造

剪力墙连梁 LL 配筋构造见 03G101—1 第 51 页（图 4.19）。

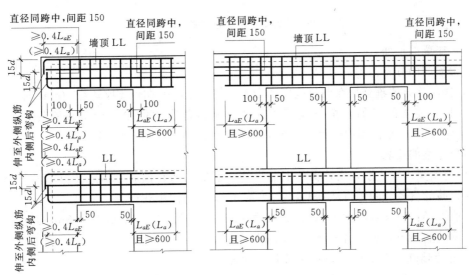

图 4.19　剪力墙连梁 LL 配筋构造

连梁 LL 的配筋在《剪力墙梁表》中定义了梁的编号、梁高、上部纵筋、下部纵筋、箍筋、侧面纵筋、相对标高。

剪力墙连梁的钢筋种类包括纵向钢筋、箍筋、拉筋、墙身水平钢筋。

（1）连梁的纵筋。

连梁以暗柱或端柱为支座，连梁主筋锚固起点应当从暗柱或端柱的边缘算起。

连梁主筋锚入暗柱或端柱的锚固方式和锚固长度为：

1）直锚的条件和直锚长度：当端部洞口连梁的纵向钢筋在端支座（暗柱或端柱）的直锚长度不小于 $L_{aE}(L_a)$ 时，可不必往上（下）弯锚；当端部支座为小墙肢时，连梁纵向钢筋锚固与 03G101—1 第 54～59 页框架梁纵筋锚固相同；连梁纵筋在中间支座的直锚长度为 L_{aE}，且不小于 600mm。

2）弯锚长度：当暗柱或端柱的长度小于钢筋的锚固长度时，连梁主筋伸至暗柱或端柱外侧纵筋的内侧后弯钩 $15d$，此时须保证直锚段大于 $0.4L_{aE}$。

（2）剪力墙水平分布筋与连梁的关系。

剪力墙身水平分布筋从暗梁的外侧通过连梁，如图 4.20（c）所示。

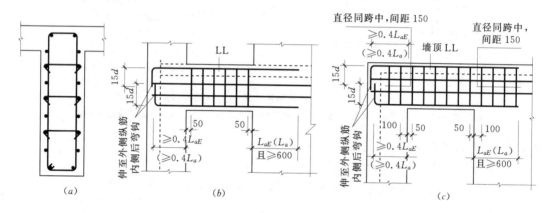

图 4.20 剪力墙身水平分布筋、连梁构造

（3）连梁的箍筋。

连梁箍筋的分布范围：

1）楼层连梁的箍筋仅在洞口范围内布置。第一个箍筋在距支座边缘 50mm 处设置。

2）顶层连梁的箍筋在全梁范围内布置。洞口范围内的第一个箍筋在距支座边缘 50mm 处设置；支座范围内的第一个箍筋在距支座边缘 100mm 处设置。

（4）连梁的拉筋。

《剪力墙梁表》主要定义连梁的上部纵筋、下部纵筋和箍筋，不定义拉筋的规格和间距。而拉筋的直径和间距可从 03G101—1 第 51 页的题注中获得。

拉筋直径：当梁宽不大于 350mm 时为 6mm，梁宽大于 350mm 时为 8mm，拉筋间距为两倍箍筋的间距，竖向沿侧面水平筋隔一拉一。

2. 剪力墙连梁 LL(JG) 斜向交叉钢筋构造

03G101—1 规定：当连梁宽度不小于 200mm 而且小于 400mm 时，需要设置斜向交叉钢筋，此时连梁的编号为 LL(JG)；而当连梁宽度不小于 400mm 时，需要设置斜向交叉暗撑，此时连梁的编号为 LL(JC)。

03G101—1 第 52 页给出了剪力墙连梁 LL(JG) 斜向交叉钢筋构造，图 4.21（a）所示。

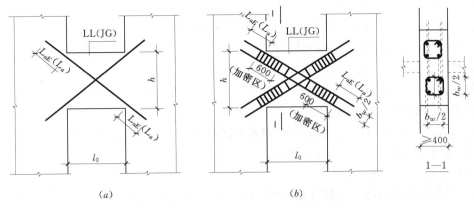

图 4.21 剪力墙连梁 LL(JG) 斜向交叉钢筋构造

(a) 连梁斜向交叉钢筋构造；(b) 连梁斜向交叉暗撑构造

关于连梁斜向交叉钢筋构造要掌握下面几方面的内容：

(1) 斜向交叉钢筋的根数为两根。连梁斜向交叉钢筋的规格详见具体设计。

(2) 斜向交叉钢筋的长度计算：交叉钢筋的长度可由连梁的梁高（h）和跨度（l_0）求斜长，两端再加上 $L_{aE}(L_a)$ 得到，当为"抗震"时，钢筋长度的计算公式为

$$钢筋长度 = \sqrt{h^2 + l_0^2} + 2L_{aE}$$

(3) 墙顶 LL(JG) 的交叉钢筋端部需作拐弯处理。

3. 剪力墙连梁 LL(JC) 斜向交叉暗撑构造

03G101—1 规定：当连梁宽度不小于 400mm 时，需要设置斜向交叉暗撑，此时连梁的编号为 LL(JC)。

03G101—1 第 52 页给出了剪力墙连梁 LL(JG) 斜向交叉暗撑构造，如图 4.21（b）所示。

关于连梁斜向交叉暗撑构造要掌握下面几方面的内容：

(1) 所谓交叉暗撑，其实就是在连梁内部设置两道斜向的暗梁。

(2) 连梁斜向交叉暗撑的纵筋与箍筋规格详见具体设计。

(3) 交叉暗撑纵筋的长度可由连梁的梁高（h）和跨度（l_0）求斜长，两端再加上 L_{aE}（L_a）得到。

(4) 墙顶 LL(JC) 的纵筋端部须作拐弯处理。

(5) 交叉暗撑的箍筋：宽、高尺寸都是 $b_w/2$（b_w 为剪力墙厚度）。

4. 剪力墙洞口补强构造

03G101—1 第 53 页给出了剪力墙洞口补强构造。

首先，这里所说的"洞口"是剪力墙身上面开的小洞。

剪力墙洞口钢筋种类包括补强钢筋或补强暗梁纵向钢筋、箍筋、拉筋，同时包括引起剪力墙纵横筋的截断或连梁箍筋的截断。

关于剪力墙洞口要掌握下面几方面的内容：

(1) 剪力墙洞口的表示方法。

剪力墙洞口的表示方法详见03G101—1第16～17页。一般的方法是建立剪力墙洞口表。

1）剪力墙洞口表的内容。

洞口编号：例如，（矩形洞口）JD1，（圆形洞口）YD1。

宽×高（mm^2）：例如，（矩形洞口）1800mm×2100mm，（圆形洞口直径）300mm。

洞口中心标高（m）：例如，1.800m。

补强钢筋：例如，6Φ20（当有"箍筋"时，表示每边暗梁的纵筋）。

补强暗梁箍筋：例如，Φ8@150。

2）进行"洞口标注"。在剪力墙平面布置图的墙身或连梁的洞口位置上，注写洞口编号 JD1（矩形洞口）或 YD1（圆形洞口）。

（2）洞口引起的钢筋截断。

1）墙身钢筋的截断。在洞口处被截断的剪力墙水平筋和竖向筋，在洞口处打拐扣过加强筋，直钩长度不小于 15d 且与对边直钩交错不小于 5d 绑在一起（图 4.22）。如果墙的厚度较小或墙水平钢筋直径较大，使水平设置的 15d 直钩长出墙面时，可斜放或伸至保护层位置为止。

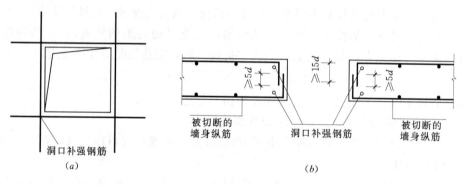

图 4.22　墙身钢筋的截断

2）连梁箍筋的截断。截断过洞口的箍筋；设置补强纵筋与补强箍筋。补强纵筋每边伸过洞口 L_{aE}（L_a），洞口上、下的补强箍筋的高度根据洞口中心标高和洞口高度进行计算。

（3）剪力墙洞口构造。

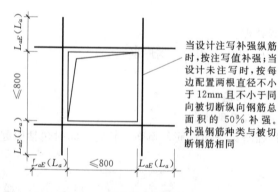

图 4.23　矩形洞宽和洞高均不大于 800mm 时洞口补强纵筋构造

1）矩形洞口。

a. 洞宽、洞高均不大于 300mm 时。

（a）预算时不扣除混凝土体积（及表面积）；过洞口的钢筋不截断；设置补强钢筋。

（b）若缺省标注补强钢筋，即为"构造补强钢筋"，认为洞口每边补强钢筋是 2Φ12 且不小于同向被切断钢筋总面积的 50%。

构造详图见 03G101—1 第 53 页左上角的图，补强钢筋每边伸过洞口 L_{aE}

（L_a）（图 4.23）。

b. 300mm 小于洞宽、洞高不大于 800mm 时。

（a）当面积大于 0.3m² 时，预算时扣除混凝土体积（及表面积）；截断过洞口钢筋，设置补强钢筋。

（b）若标注了补强钢筋，则认为补强钢筋就是标注值；构造详图见 03G101 第 53 页左上角的图，补强钢筋每边伸过洞口 L_{aE}（L_a）。

c. 洞宽大于 800mm 时。

（a）预算时扣除混凝土体积（及表面积）；截断过洞口的钢筋；洞口上下设置补强暗梁，洞口竖向两侧设置剪力墙边沿构件（即暗柱）。

（b）构造详图见 03G101—1 第 53 页右上角的图，补强暗梁纵筋每边伸过洞口 L_{aE}（L_a）；补强暗梁箍筋的高度为 400mm。暗梁宽度同所在的剪力墙（图 4.24）。

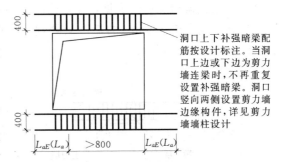

图 4.24　矩形洞宽和洞高均大于 800mm
时洞口补强暗梁构造

2）圆形洞口。

a. 直径不大于 300mm 时。

（a）预算时不扣除混凝土体积（及表面积）；过洞口的钢筋不截断；设置补强钢筋。

（b）构造详图见 03G101—1 第 53 页中间的图，与矩形洞口相同，一共有两个"对边"，即 4 边。补强钢筋每边伸过洞口 L_{aE}（L_a），如图 4.25（a）所示。

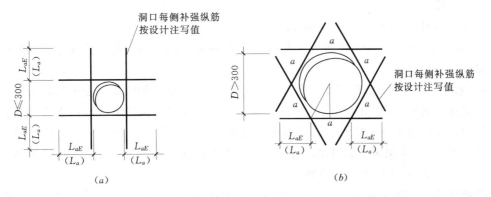

（a）　　　　　　　　　　　　（b）

图 4.25　圆形洞口补强纵筋构造

（a）剪力墙圆形洞口直径不大于 300 时补强纵筋构造；（b）剪力墙圆形洞口直径大于 300 时补强纵筋构造

b. 直径大于 300mm 且不大于 800mm 时。

（a）当面积大于 0.3m² 时，预算时扣除混凝土体积（及表面积）；截断过洞口钢筋，设置补强钢筋。

（b）构造详图见 03G101—1 第 53 页右下角的图，与矩形洞口不同，一共有三个"对边"，即 6 边。补强钢筋每边伸过补强钢筋交点 L_{aE}（L_a），如图 4.25（b）所示。

c. 直径大于 800mm 时。预算时扣除混凝土体积（及表面积）；截断过洞口的钢筋；洞口上下设置补强暗梁，洞口竖向两侧设置剪力墙边沿构件（即暗柱），并在圆洞四角 45°切线位置加斜筋。

说明：关于"直径大于 800mm"的情况，03G101—1 无构造详图。在剪力墙上开直径 800mm 的圆洞情况比较少见，如果圆洞直径大于 800mm，建议按 03G101—1 第 17 页第（3）条洞宽大于 800mm 的矩形洞处理，并在圆洞四角 45°切线位置加斜筋，抹圆即可，如图 4.26（b）所示。

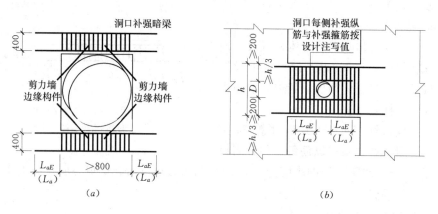

图 4.26　圆形洞口补强纵筋与连梁中部圆形洞口补强钢筋构造

（a）剪力墙圆形洞口直径大于 800 时洞口补强构造；（b）连梁中部圆形洞口补强
钢筋构造（圆形洞口预埋钢套管，括号内标注用于非抗震）

（4）连梁洞口构造。

1）圆形洞口。直径不大于 300mm 时：

a. 预算时不扣除混凝土体积（及表面积）；但截断过洞口的箍筋；按设计注写值设置补强纵筋与补强箍筋。

b. 连梁中部圆形洞口补强钢筋构造见图集第 53 页左下角的图，从图中我们能够获得如下的信息，如图 4.26（b）所示。左侧的高度尺寸注写明确地告诉我们，连梁开洞有严格的限制条件，首先是连梁圆形洞口不能开得太大，直径不能大于 300mm，且不能大于连梁高度的 1/3；连梁圆形洞口必须开在连梁的中部位置，洞口到连梁上下边缘的净距离不能小于 200mm 且不能小于梁高的 1/3。

补强纵筋每边伸过洞口 $L_{aE}(L_a)$，洞口上下的补强箍筋的高度根据洞口中心标高和洞口高度进行计算。

4.1.5　剪力墙的一些基本概念及计算中应注意的问题

在剪力墙的计算中，有许多概念容易混淆，在这里作一一分析说明。

（1）剪力墙是竖向受弯构件，抵抗水平地震力。

（2）剪力墙的暗柱并不是剪力墙身的支座，暗柱本身是剪力墙的一部分。剪力墙尽端不存在水平钢筋的支座，只存在"收边"的问题。所以"剪力墙水平分布筋伸入暗柱一个锚固长度"的说法是错误的。

剪力墙的水平分布筋从暗柱纵筋的外侧通过暗柱，即墙的水平分布筋与暗柱的箍筋平行，与箍筋在同一个垂直面上通过暗柱。

（3）剪力墙的水平分布筋不是抗弯的，而是抗剪的。剪力墙水平分布筋配置按总墙肢长度考虑，并不扣除暗柱长度。计算钢筋下料时，应特别注意两个问题：①"剪力墙墙肢"就是一个剪力墙的整个直段，其长度算至墙外皮（包括暗柱）；②剪力墙的水平分布筋要伸至柱对边，因剪力墙暗柱与墙身，端柱与墙身本身是一个共同工作的整体，不是几个构件的连接组合，不能套用梁与柱两种不同构件的连接，这在计算钢筋下料时也是一个特别需要区别清楚的问题。

（4）暗梁并不是梁（梁定义为受弯构件），它是剪力墙的水平线性"加强带"，暗梁是剪力墙的一部分，大量的暗梁在实墙中，暗梁纵筋也是"水平筋"。

剪力墙顶部有暗梁时，剪力墙身竖向分布筋不能锚入暗梁，而应该穿越暗梁锚入现浇板内。

剪力墙水平分布筋从暗梁或连梁箍筋的外侧通过暗梁或连梁。

（5）剪力墙竖向分布筋弯折伸入板内的构造不是"锚入板内"（因板不是墙的支座），而是完成墙与板的相互连接。

（6）相对于剪力墙（含墙柱、墙身、墙梁）而言，基础是其支座，但相对连梁而言，其支座就是墙柱和墙身。

（7）如果框梁延伸伸入剪力墙内其性质就发生了改变，成为"剪力墙的边框梁BKL"，下料时一定要对号入座，按边框梁 BKL 的配筋构造下料，边框梁不是梁，它只是剪力墙的"边框"，有了边框梁就可以不设暗梁。

（8）钢筋的"直通原则"："能直通则直通"是结构配筋的重要原则，这个原则也会在实际施工及钢筋下料中产生很大的影响。

任务 4.2　剪力墙钢筋计算基本原理

4.2.1　剪力墙构件钢筋计算基本知识

1．剪力墙构件的组成

剪力墙施工图的平面表示方法如图 4.27 所示。

（1）剪力墙包括墙身、墙柱、墙梁、洞口。

（2）剪力墙在平面上有直角、丁字角、十字角、斜交角等各种转角形式。

（3）剪力墙在立面上有各种洞口。

剪力墙构件的组成见表 4.8。

1）暗柱：暗柱的横截面宽度与剪力墙厚度相同，从外观看与墙厚度平齐，一般设在洞口两侧，按照受力状况分为约束边缘暗柱 YAZ 和构造边缘暗柱 GAZ。

2）端柱：端柱的横截面宽度比剪力墙厚度大，从外观看凸出剪力墙厚度，一般设在洞口两侧，按照受力状况分为约束边缘端柱 YDZ 和构造边缘端柱 GDZ。

3）翼柱：也称翼墙，其横截面宽度与剪力墙厚度相同，从外观看与墙厚度平齐，一般设在纵横墙相交处，按照受力状况分为约束边缘翼柱 YYZ 和构造边缘翼柱 GYZ。

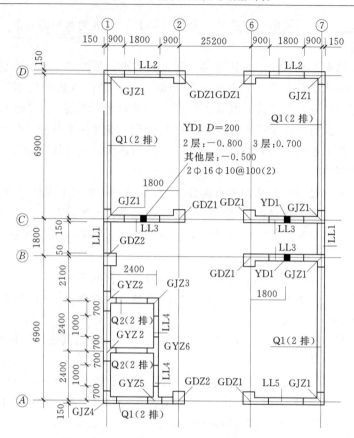

图 4.27　−0.030~59.070 剪力墙平法施工图

表 4.8　剪力墙构件的组成

构件名称		构建代号
墙身		Q
墙柱	暗柱	AZ
	端柱	DZ
	翼柱	TZ
	转角柱	JZ
	扶壁柱	FBZ
墙梁	连梁	LL
	暗梁	AL
	边框梁	BKL

4）转角柱：也称转角墙，其横截面宽度与剪力墙厚度相同，从外观看与墙厚度平齐，一般设在纵横墙相交处，按照受力状况分为约束边缘转角柱 YJZ 和构造边缘转角柱 GJZ。

5）扶壁柱：扶壁柱的横截面宽度比剪力墙厚度大，从外观看凸出剪力墙厚度，一般在墙体长度较长时，按设计要求每隔一定的距离设置一个。

6）连梁：连梁位于洞口上方，其横截面宽度与剪力墙厚度相同，从外观看与墙厚度平齐。分为无交叉暗撑及无交叉钢筋的连梁 LL、有交叉暗撑连梁 LL(JC) 和有交叉钢筋的连梁 LL(JG)。

7）暗梁：暗梁位于剪力墙顶部（类似于砌体结构中的圈梁），其横截面宽度与剪力墙厚度相同，从外观看与墙厚度平齐，如图 4.28 所示。

8）边框梁：边框梁位于剪力墙顶部，其横截面宽度比剪力墙厚度大，从外观看凸出剪力墙厚度，如图 4.29 所示。

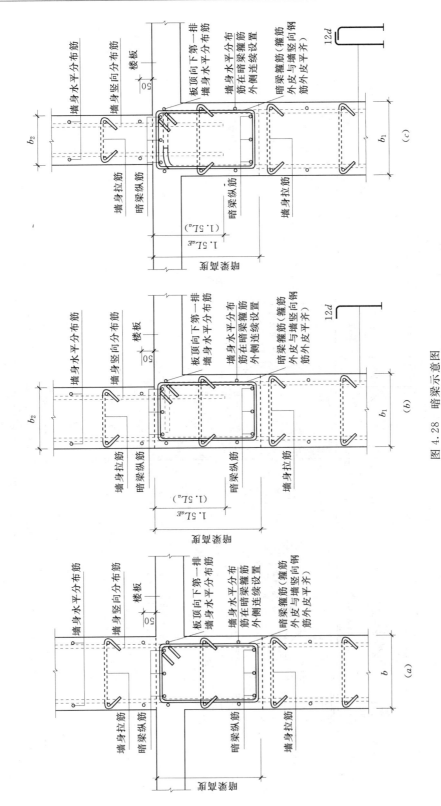

图 4.28　暗梁示意图

（a）楼层暗梁（一），墙身截面未变化；（b）楼层暗梁（二），墙身截面单侧变化；（c）楼层暗梁（三），墙身截面双侧变化

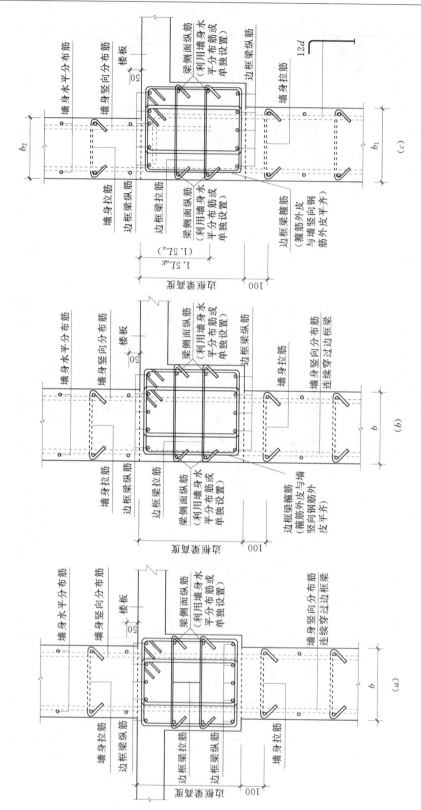

图 4.29　边框梁示意图

(a)楼层边框梁(一),墙身截面未变化,边框梁居中;(b)楼层边框梁(二),墙身截面未变化,边框梁截面未变化,边框梁与墙一侧平齐;
(c)楼层边框梁(三),墙身截面单侧变化,边框梁截面单侧变化,边框梁与墙一侧平齐

2. 剪力墙构件钢筋骨架的组成

（1）剪力墙需要计算的钢筋。在钢筋工程量计算中，剪力墙是最难计算的构件，具体体现在：

1）墙身钢筋可能有单排、双排、多排，且可能每排钢筋不同。

2）墙柱有各种箍筋组合。

3）连梁要区分顶层与中间层，依据洞口的位置不同还有不同的计算方法。

4）剪力墙主要有墙身、墙柱、墙梁、洞口四大部分构成，其中墙身钢筋包括水平筋、竖向筋、拉筋和洞口加强筋；墙柱包括暗柱和端柱两种类型，其钢筋主要有纵筋和箍筋；墙梁包括暗梁和连梁两种类型，其钢筋主要有纵筋和箍筋。

（2）计算剪力墙钢筋需要考虑的因素。

抗震等级、混凝土等级、钢筋直径、钢筋级别、搭接形式、保护层厚度、基础形式、中间层和顶层构造、墙柱、墙梁对墙身钢筋的影响等因素对计算钢筋长度有一定的影响，在计算钢筋长度时，一定要根据图纸和图集调整这些因素。

（3）剪力墙构件钢筋骨架的组成，见表 4.9。不论在有剪力墙的建筑工程施工、预算还是监理过程中，都应该了解剪力墙构件钢筋骨架的组成，才能更好地看懂图纸，把工作做好。

表 4.9　　　　　　　　　　　　剪力墙构件钢筋骨架的组成

			外侧钢筋	
剪力墙构件钢筋骨架	墙身钢筋	水平钢筋	内侧钢筋	端柱
				暗柱
		竖向钢筋	基础层钢筋	
			中间层钢筋	
			顶层钢筋	
		拉筋		
	墙柱钢筋	端柱钢筋	纵筋	
			箍筋	
		暗柱钢筋	纵筋	
			箍筋	
	墙梁钢筋	连梁钢筋	纵筋	
			箍筋	
		暗梁钢筋	纵筋	
			箍筋	
		边框梁钢筋	纵筋	
			箍筋	

4.2.2　剪力墙墙柱钢筋计算

4.2.2.1　纵筋

墙柱纵筋分搭接连接和机械连接两种，如图 4.30 和图 4.31 所示，计算条件见表 4.10。

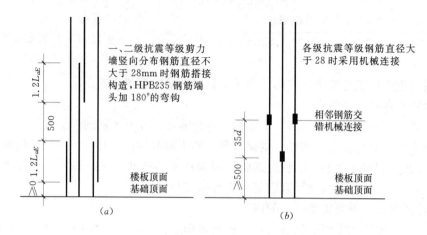

图 4.30　墙柱纵筋搭接连接和机械连接示意图

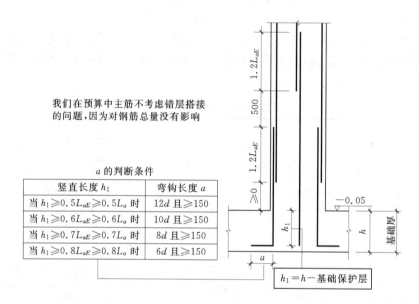

a 的判断条件	
竖直长度 h_1	弯钩长度 a
当 $h_1 \geqslant 0.5L_{aE} \geqslant 0.5L_a$ 时	$12d$ 且 $\geqslant 150$
当 $h_1 \geqslant 0.6L_{aE} \geqslant 0.6L_a$ 时	$10d$ 且 $\geqslant 150$
当 $h_1 \geqslant 0.7L_{aE} \geqslant 0.7L_a$ 时	$8d$ 且 $\geqslant 150$
当 $h_1 \geqslant 0.8L_{aE} \geqslant 0.8L_a$ 时	$6d$ 且 $\geqslant 150$

图 4.31　剪力墙柱基础插筋构造（搭接连接）

表 4.10　　　　　　　　　　计　算　条　件

混凝土强度等级	抗震等级	墙体厚度 b_f	墙体保护层厚度 c	柱保护层厚度 c	钢筋定尺长度	连接方式	受拉钢筋锚固长度 L_{aE}
C30	二级	300	15	30	6000、9000	搭接、对接	$34d$

1. 基础插筋

（1）搭接连接。

基础插筋长度＝基础（或基础梁）厚度－基础保护层＋弯折长度 a＋伸出基础顶面的搭接长度（$\geqslant 1.2L_{aE}$）

假设基础厚度 $h=600$，则

h_1＝基础厚度 h－基础保护层 c＝600－40＝560(mm)

$$L_{aE}＝34d＝34×20＝680(mm)$$

因为 $h_1＝560＞0.8L_{aE}＝0.8×680＝544(mm)$

所以 $a＝\max\{6d,150\}＝\max\{6×14,150\}＝150(mm)$

基础插筋长度＝基础(或基础梁)厚度－基础保护层

$\qquad$＋弯折长度 a＋伸出基础顶面的搭接长

$\qquad$度(≥$1.2L_{aE}$)

$\qquad$基础插筋长度＝600－40＋150

$\qquad\qquad$＋1.2×34×20＝1526(mm)

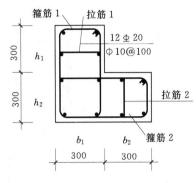

图 4.32 剪力墙柱钢筋示意图

（2）机械连接（图 4.33）。

$\qquad$基础插筋长度＝基础(或基础梁)厚度－基础保护层＋弯折长度 a

$\qquad\qquad$＋伸出基础顶面的长度 500

$\qquad\qquad$基础插筋长度＝600－40＋150＋500＝1210(mm)

（3）插筋根数。插筋根数和剪力墙柱内根数相同。

如图 4.32 所示，插筋根数为 12 根。

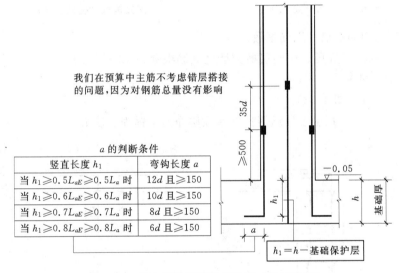

我们在预算中主筋不考虑错层搭接的问题,因为对钢筋总量没有影响

a 的判断条件

竖直长度 h_1	弯钩长度 a
当 $h_1≥0.5L_{aE}≥0.5L_a$ 时	$12d$ 且≥150
当 $h_1≥0.6L_{aE}≥0.6L_a$ 时	$10d$ 且≥150
当 $h_1≥0.7L_{aE}≥0.7L_a$ 时	$8d$ 且≥150
当 $h_1≥0.8L_{aE}≥0.8L_a$ 时	$6d$ 且≥150

$h_1＝h$－基础保护层

图 4.33 剪力墙柱基础插筋构造（机械连接）

2. 底层、中间层墙柱纵筋

（1）搭接连接（图 4.34）。

$\qquad$底层、中间层纵筋长度＝本层层高＋伸入上层的搭接长度 $1.2L_{aE}$

假设底层、中间层层高为 4500，纵筋为 $\Phi20$，则

$\qquad$底层、中间层纵筋长度＝4500＋1.2×34×20＝5316(mm)

（2）机械连接（图 4.35）。

底层、中间层纵筋长度＝本层层高－非连接区长度 500＋上层非连接区长度 500

$\qquad\qquad$＝本层层高

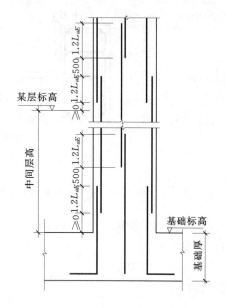

图 4.34　底层、中间层剪力墙柱纵筋
连接构造（搭接连接）

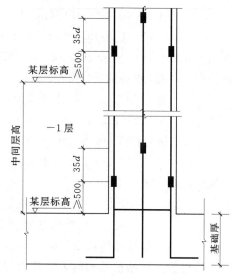

图 4.35　底层、中间层剪力墙柱纵筋
连接构造（机械连接）

（3）底层、中间层墙柱纵筋根数。

如图 4.32 所示，底层、中间层剪力墙柱纵筋根数为 12 根。

3. 顶层墙柱纵筋

（1）搭接连接（图 4.36）。

$$顶层墙柱纵筋长度＝顶层净高＋锚固长度 L_{aE}$$

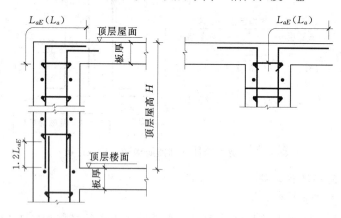

图 4.36　顶层剪力墙柱纵筋连接构造（搭接连接）

如果顶层层高 3600，屋面板厚 150，则

$$顶层墙柱纵筋长度＝3600－150＋34×20＝4130（mm）$$

（2）机械连接（图 4.37）。

$$顶层墙柱纵筋长度＝顶层净高－非连接区长度 500＋锚固长度 L_{aE}$$

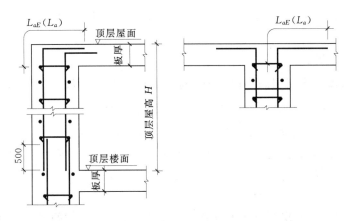

图 4.37　顶层剪力墙柱纵筋连接构造（机械连接）

如果顶层层高 3600，屋面板厚 150，则

$$顶层墙柱纵筋长度＝3600－150－500＋34×20＝3630(mm)$$

（3）顶层墙柱纵筋根数。

图 4.32 所示，顶层墙柱纵筋根数为 12 根。

4. 变截面剪力墙柱纵筋

剪力墙柱变截面处纵筋连接构造如
图 4.38 所示。

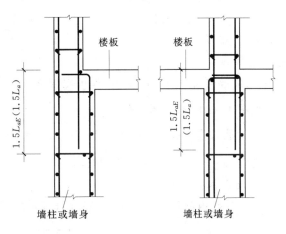

（1）搭接连接。

1）下层纵筋长度。

下层纵筋长度

＝本层层高－柱保护层厚度 c

＋本层墙柱横截面宽－柱保护层厚度 $2c$

－柱纵向钢筋直径 d

假设层高为 4500，墙柱横截面宽
300，墙柱保护层厚 30，则

下层竖向钢筋长度＝4500－30＋300－2

图 4.38　剪力墙柱变截面处纵筋连接构造

$$×30－20＝4690(mm)$$

2）上层纵筋长度。

a. 上层非顶层。

$$上层纵筋长度＝本层层高＋伸入上层的搭接长度 1.2L_{aE}$$
$$＋伸入下层的搭接长度 1.5L_{aE}$$

假设层高为 3600，则

$$上层纵筋长度＝3600＋1.2×34×20＋1.5×34×20＝5436(mm)$$

b. 上层是顶层。

$$顶层纵筋长度＝本层层高－屋面板厚＋锚固长度 L_{aE}＋伸入下层的搭接长度 1.5L_{aE}$$

假设层高为 3600，屋面板厚 150，则

顶层纵筋长度＝3600－150＋34×20＋1.5×34×20＝5150(mm)

（2）机械连接。

1）下层纵筋长度。

下层纵筋长度＝本层层高－柱保护层厚度 c ＋本层柱横截面宽度－柱保护层厚度 $2c$

－柱纵向钢筋直径 d －非连接区长度 500

假设层高为 4500，柱横截面宽度 300，柱保护层厚 30，则

下层竖向钢筋长度＝4500－30＋300－2×30－20－500＝4190(mm)

2）上层纵筋长度。

a．上层非顶层。

上层纵筋长度＝本层层高＋非连接区长度 500＋伸入下层的搭接长度 $1.5L_{aE}$

假设层高为 3600，则

上层纵筋长度＝3600＋500＋1.5×34×20＝5120(mm)

b．上层是顶层。顶层纵筋长度同搭接连接。

顶层纵筋长度＝本层层高－屋面板厚＋锚固长度 L_{aE} ＋伸入下层的搭接长度 $1.5L_{aE}$

假设层高为 3600，屋面板厚 150，则

顶层纵筋长度＝3600－150＋34×20＋1.5×34×20＝5150(mm)

4.2.2.2　箍筋

1. 箍筋长度

箍筋长度＝ $(b+h)×2$ －保护层厚度×8＋8 d ＋1.9 d ×2＋max{10 d ,75}×2

如图 4.32 所示为例，有

箍筋长度＝(300＋600)×2－30×8＋8×10＋1.9×10×2＋max{10×10,75}

×2＝1878(mm)

2. 箍筋根数

（1）基础内箍筋根数。不同基础内箍筋的布置如图 4.39～图 4.41 所示。

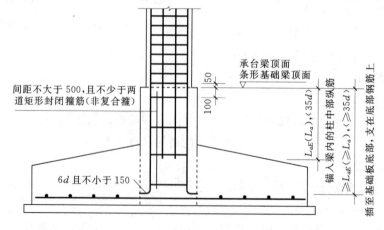

图 4.39　柱插筋在条形基础或承台梁的锚固构造

注："〈 〉"中的第三个锚长控制条件仅适用于承台梁。

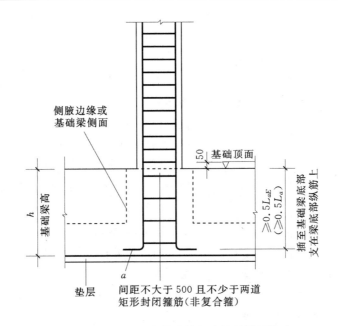

图 4.40　剪力墙柱插筋在筏板基础的锚固构造
注：基础梁底与基础板底一平。

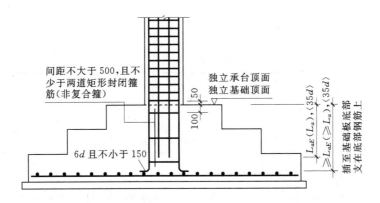

图 4.41　柱插筋在独立基础或独立承台的锚固构造
注："〈　〉"中的第三个锚长控制条件仅适用于独立承台。

基础内箍筋根数＝基础厚度（或基础梁高）/500＋1，且≥2。

（2）底层、中间层、顶层箍筋根数（表 4.11）。

表 4.11　　　　　　　　　　　底层、中间层、顶层箍筋根数

计　算　公　式	箍筋根数＝加密区根数＋非加密区根数		
计算过程	加密区根数	非加密区根数	箍筋合计
	$\dfrac{\text{搭接范围}}{\text{加密区间距}}+1$	$\dfrac{（\text{层高}-\text{搭接范围}）}{\text{非加密区间距}}-1$	

4.2.2.3　拉筋

1. 拉筋长度

拉筋同时勾住主筋和箍筋（图 4.42）。

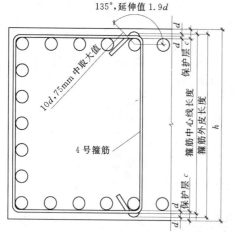

图 4.42　剪力墙柱拉筋示意图

图 4.42 中 4 号箍筋即为拉筋，其直径与箍筋相同。

拉筋长度＝h－保护层 $2c$＋箍筋直径 $2d$＋拉筋直径 $2d$＋$1.9d×2$＋$\max\{10d, 75\}×2$

以图 4.32 为例，其中

拉筋 1 长度＝$300-30×2+2×10+2×10+1.9×10×2+\max\{10×10, 75\}×2=518$(mm)

2. 拉筋根数

（1）拉筋排数。拉筋排数和箍筋根数计算方法一样。

（2）拉筋根数。拉筋根数＝拉筋排数×每排拉筋个数

如图 4.32 所示，每排两个拉筋，即拉筋 1 和拉筋 2。

4.2.3　剪力墙墙梁钢筋计算

4.2.3.1　连梁钢筋计算

计算条件见表 4.12。

表 4.12　　　　　　　　　　　计 算 条 件

混凝土强度等级	抗震等级	墙体厚度 b_f	墙体保护层厚度 c	钢筋定尺长度	连接方式	受拉钢筋锚固长度 L_{aE}
C30	二级	300	15	6000、9000	搭接、对接	$34d$
LL1300×800；Φ10@100(2)；2 Φ 20；2 Φ 20						

1. 剪力墙端部洞口连梁钢筋计算

（1）顶层连梁钢筋计算。如图 4.43 所示，顶层连梁钢筋计算见表 4.13。

表 4.13　　　　　　　　剪力墙端部洞口顶层连梁钢筋计算

		长度＝左锚固长度＋洞口宽度＋右锚固长度				
上、下部纵筋	长度	洞口宽度		左锚固长度		右锚固长度
			取大值	左支座宽－保护层＋$15d$	取大值	L_{aE}
				$0.4L_{aE}+15d$		600
	根数	根数根据图纸数出				
箍筋	长度	箍筋长度=$(b+h)×2-8c+8d+1.9d×2+\max\{10d, 75\}×2$				
	根数	箍筋根数＝左锚固根数＋洞口上部根数＋右锚固根数				
		左锚固根数		洞口上部根数		右锚固根数
		（左锚固长度－$15d$－100）/150＋1		（洞口宽－$50×2$）/间距＋1		（左锚固长度－100）/150＋1

注　b—连梁截面宽度，h—连梁截面高度，c—连梁保护层厚度，d—连梁箍筋直径。

（2）中间层连梁钢筋计算。如图 4.43 所示，中间层连梁钢筋计算见表 4.14。

表 4.14 **剪力墙端部洞口中间层连梁钢筋计算**

		长度＝左锚固长度＋洞口宽度＋右锚固长度				
上、下部纵筋	长度	洞口宽度	左锚固长度		右锚固长度	
			取大值	左支座宽－保护层＋15d	取大值	L_{aE}
				0.4L_{aE}＋15d		600
	根数	根数根据图纸数出				
箍筋	长度	箍筋长度＝$(b+h)\times2-8c+8d+1.9d\times2+\max\{10d,\,75\}\times2$				
	根数	箍筋根数＝洞口上部根数＝(洞口宽－50×2)/间距＋1				

注 b—连梁截面宽度，h—连梁截面高度，c—连梁保护层厚度，d—连梁箍筋直径。

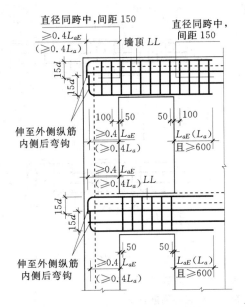

图 4.43 剪力墙端部洞口连梁

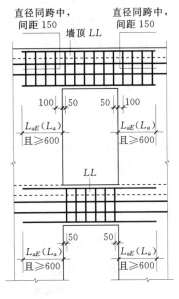

图 4.44 剪力墙中部单洞口（单跨）连梁

2. 剪力墙中部单洞口（单跨）连梁钢筋计算

（1）顶层连梁钢筋计算。如图 4.44 所示，顶层连梁钢筋计算见表 4.15。

表 4.15 **剪力墙中部洞口（单跨）顶层连梁钢筋计算**

		长度＝左锚固长度＋洞口宽度＋右锚固长度				
上、下部纵筋	长度	洞口宽度	左锚固长度		右锚固长度	
			取大值	L_{aE}	取大值	L_{aE}
				600		600
	根数	根数根据图纸数出				
箍筋	长度	箍筋长度＝$(b+h)\times2-8c+8d+1.9d\times2+\max\{10d,\,75\}\times2$				
	根数	箍筋根数＝左锚固根数＋洞口上部根数＋右锚固根数				
		左锚固根数		洞口上部根数	右锚固根数	
		(左锚固长度－100)/150＋1		(洞口宽－50×2)/间距＋1	(左锚固长度－100)/150＋1	

注 b—连梁截面宽度，h—连梁截面高度，c—连梁保护层厚度，d—连梁箍筋直径。

129

（2）中间层连梁。如图 4.44 所示，中间层连梁钢筋计算见表 4.16。

表 4.16　　　　　　　剪力墙中部洞口（单跨）中间层连梁钢筋计算

上、下部纵筋	长度	长度＝左锚固长度＋洞口宽度＋右锚固长度				
		洞口宽度	左锚固长度		右锚固长度	
			取大值	L_{aE}	取大值	L_{aE}
				600		600
	根数	根数根据图纸数出				
箍筋	长度	箍筋长度＝$(b+h)\times2-8c+8d+1.9d\times2+\max\{10d, 75\}\times2$				
	根数	箍筋根数＝洞口上部根数＝（洞口宽－50×2）/间距＋1				

注　b—连梁截面宽度，h—连梁截面高度，c—连梁保护层厚度，d—连梁箍筋直径。

3. 剪力墙中部双洞口（双跨）连梁钢筋

（1）顶层连梁钢筋计算。如图 4.45 所示，顶层连梁钢筋计算见表 4.17。

（2）中间层连梁钢筋计算。如图 4.45 所示，中间层连梁钢筋计算见表 4.18。

4. 连梁中侧面纵筋和拉筋计算

（1）拉筋长度。

拉筋长度计算同墙柱内拉筋。

（2）拉筋根数。

拉筋根数＝拉筋排数×每排根数

拉筋排数＝（连梁高－保护层

　　　　　×2)/(墙水平筋间距×2)－1

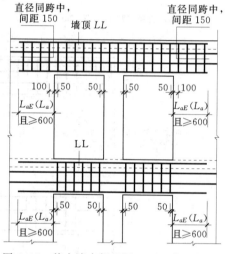

图 4.45　剪力墙中部双洞口（双跨）连梁

每排拉筋根数＝（连梁净宽－50×2)/(墙水平筋间距×2)＋1

表 4.17　　　　　　　剪力墙中部洞口（双跨）顶层连梁钢筋计算

上、下部纵筋	长度	长度＝左锚固长度＋两洞口宽度合计＋两洞口间墙宽度（窗间墙）＋右锚固长度					
		两洞口宽度合计	两洞口间墙宽度	左锚固长度		右锚固长度	
				取大值	L_{aE}	取大值	L_{aE}
					600		600
	根数	根数根据图纸数出					
箍筋	长度	箍筋长度＝$(b+h)\times2-8c+8d+1.9d\times2+\max\{10d, 75\}\times2$					
	根数	箍筋根数＝左锚固根数＋两洞口上部根数＋窗间墙上部根数＋右锚固根数					
		左锚固根数		（两洞口总宽＋窗间墙）上部根数		右锚固根数	
		（左锚固长度－100）/150＋1		（两洞口总宽＋窗间墙－50×2)/间距＋1		（左锚固长度－100）/150＋1	

注　b—连梁截面宽度，h—连梁截面高度，c—连梁保护层厚度，d—连梁箍筋直径。

表 4.18 **剪力墙中部洞口（双跨）中间层连梁钢筋计算**

		长度＝左锚固长度＋洞口宽度＋右锚固长度					
上、下部纵筋	长度	洞口宽度	左锚固长度			右锚固长度	
			取大值	L_{aE}		取大值	L_{aE}
				600			600
	根数	根数根据图纸数出					
箍筋	长度	箍筋长度＝$(b+h)\times2-8c+8d+1.9d\times2+\max\{10d,75\}\times2$					
	根数	箍筋根数＝两洞口上部根数之和＝[（左洞口宽－50×2）/间距+1]+[（右洞口宽－50×2）/间距+1]					

注　b—连梁截面宽度，h—连梁截面高度，c—连梁保护层厚度，d—连梁箍筋直径。

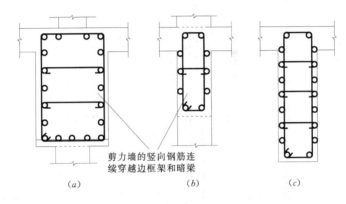

图 4.46　连梁、暗梁和边框梁侧面纵筋和拉筋构造

(a) BKL；(b) AL；(c) LL

注：当设计未注写时，侧面构造纵筋同剪力墙水平分布筋；拉筋直径：当梁宽不大于 350 时为 6mm，梁宽大于 350 时为 8mm，拉筋间距为两倍箍筋间距，竖向沿侧面水平筋隔一拉一。应注意：当连梁截面高度大于 700 时，侧面纵向构造纵筋直径应不小于 10mm，间距应不大于 200，当跨高比不大于 2.5 时，侧面构造纵筋的面积配筋率应不小于 0.3%。

4.2.3.2　暗梁钢筋计算

墙的水平筋和竖直筋连续通过暗梁，如图 4.47 所示。

1. 暗梁纵筋计算

（1）暗梁纵筋锚入暗柱，如图 4.48 和图 4.49 所示。

从图 4.49 中可以看出，暗梁纵筋遇到跨层连梁时连续通过，遇到纯剪力墙时连续通过，遇到非跨层连梁时不连续通过。

暗梁纵筋长度＝暗梁长度＋左锚固＋右锚固

（2）暗梁纵筋与连梁纵筋搭接如图 4.50 所示。

暗梁纵筋与连梁纵筋搭接长度＝$\max\{L_{lE}(L_l),600\}$。

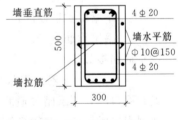

图 4.47　暗梁截面图

131

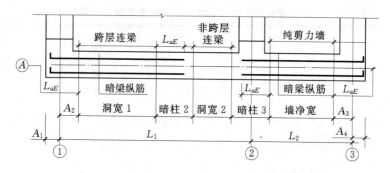

图 4.48　暗梁纵筋锚入暗柱图（A 轴线）

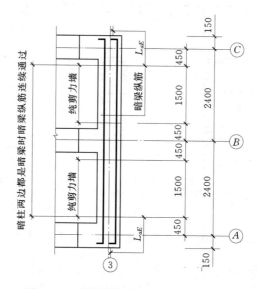

图 4.49　暗梁纵筋锚入暗柱图（③轴线）

2. 暗梁箍筋计算

（1）箍筋长度。

$$箍筋长度 = (b+h) \times 2 - 8c + 8d + 1.9d \times 2 + \max\{10d, 75\} \times 2$$

式中　b——暗梁截面宽度；

　　　h——暗梁截面高度；

　　　c——暗梁保护层厚度；

　　　d——暗梁箍筋直径。

（2）箍筋根数。

$$箍筋根数 = (暗梁净跨 - 50 \times 2) / 箍筋间距 + 1$$

遇到洞口时，顶层暗梁箍筋布置到洞口两侧与连梁搭接范围外侧，如图 4.50 所示。

遇到洞口时，楼层暗梁箍筋布置到洞口两侧各 100mm 处，如图 4.51 所示。

4.2.3.3　边框梁

1. 边框梁纵筋计算

墙的水平筋和竖直筋连续通过边框梁，如图 4.52 所示。

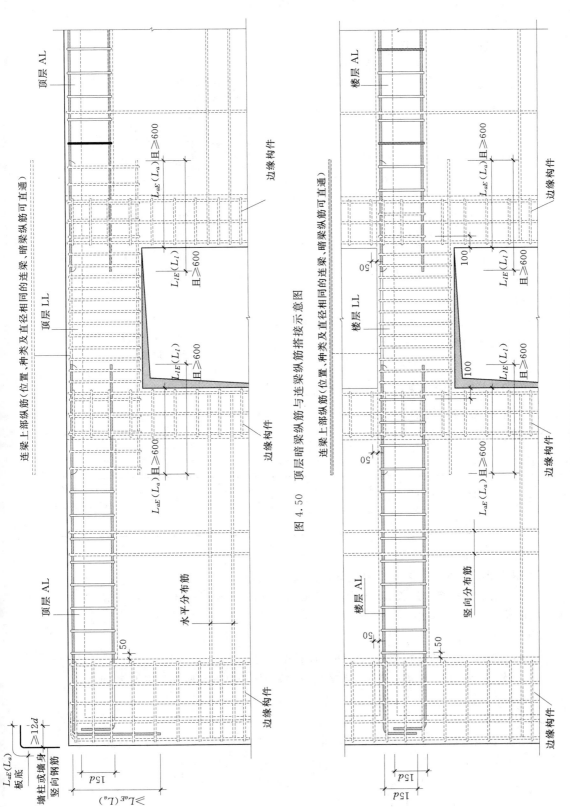

图 4.50　顶层暗梁纵筋与连梁纵筋搭接示意图

图 4.51　楼层暗梁纵筋与连梁纵筋搭接示意图

边框梁纵筋长度＝边框梁长度＋左锚固＋右锚固

边框梁纵筋与连梁纵筋搭接，如图 4.53 所示。

边框梁纵筋与连梁纵筋搭接长度＝max$\{L_{lE}$$(L_l)$，600mm$\}$。

2. 边框梁箍筋计算

（1）箍筋长度。

$$箍筋长度＝(b+h)×2-8c+8d+1.9d$$
$$×2+\max\{10d,75\}×2$$

式中　b——边框梁截面宽度；

　　　h——边框梁截面高度；

　　　c——边框梁保护层厚度；

　　　d——边框梁箍筋直径。

（2）箍筋根数。

箍筋根数＝（边框梁净跨－50×2)/箍筋间距＋1

遇到洞口时，边框梁、连梁箍筋重叠放置，重叠范围箍筋间距相同，并插空设置。如图 4.53 所示。

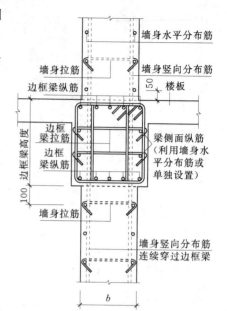

图 4.52　墙的水平筋和竖直筋连续通过边框梁

注：墙身截面未变化，边框梁居中。

4.2.4　剪力墙墙身钢筋计算

4.2.4.1　剪力墙墙身水平钢筋计算

剪力墙墙身水平钢筋计算条件见表 4.19。

表 4.19　　　　　　计　算　条　件

混凝土强度等级	抗震等级	墙体厚度 b_f	墙体保护层厚度 c	钢筋定尺长度	连接方式	受拉钢筋锚固长度 L_{aE}
C30	二级	300	15	6000、9000	焊接	34d

1. 外侧钢筋长度计算

（1）外侧钢筋连续通过转交墙且钢筋定尺长度足够长。

外侧钢筋长度＝墙外皮长（$L_1+b_1+b_2+L_2+b_3+b_4$）－保护层 $4c$＋弯折 $15d×2$

1 号钢筋长度＝（4500＋200＋150＋3000＋200＋150）－4×15＋15×14×2＝8510(mm)

如图 4.54 所示。

（2）外侧钢筋连续通过转交墙但钢筋定尺长度不够长。

外侧钢筋长度＝墙外皮长（包括边框柱）－保护层＋墙厚 b_f＋角柱宽度 b＋锚固长度 $1.2L_{aE}$＋弯折 $15d$

如图 4.55 所示。

1 号钢筋长度＝（$L_1+b_1+b_2$）－2c＋b_f＋b＋1.2×34d＋15d＝4500＋150＋200－2×15＋600＋1.2×34×14＋15×14＝6201(mm)

2 号钢筋长度＝（$L_2+b_3+b_4$）－2c＋b_f＋b＋1.2×34d＋15d＝6000＋150＋200－2×15＋600＋1.2×34×14＋15×14＝7701(mm)

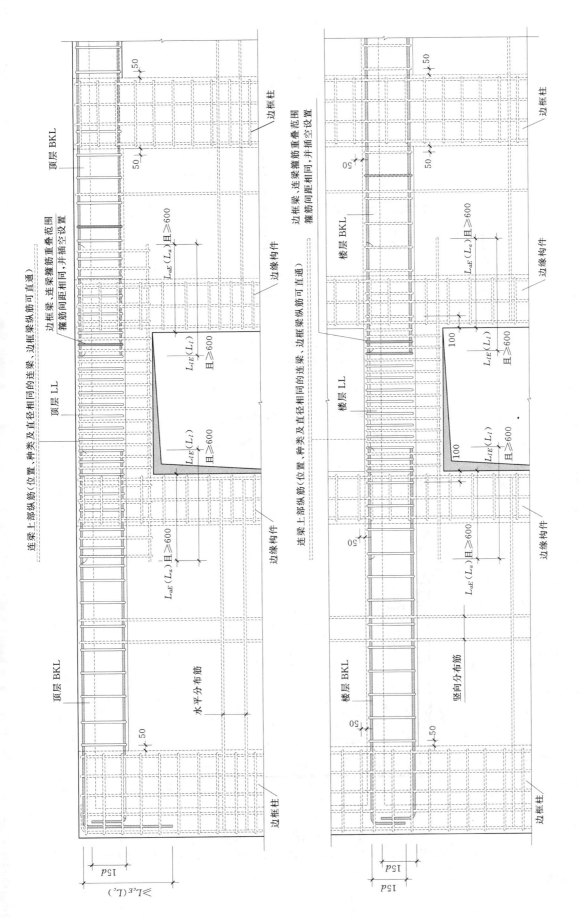

图 4.53 顶层、楼层边框梁纵筋与连梁搭接和箍筋布置

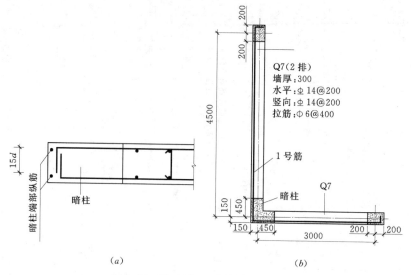

（a）　　　　　　　　　　　　　　　　（b）

图 4.54　剪力墙 Q7 钢筋与暗柱构造

（a）端部暗柱墙；（b）剪力墙 Q7 钢筋

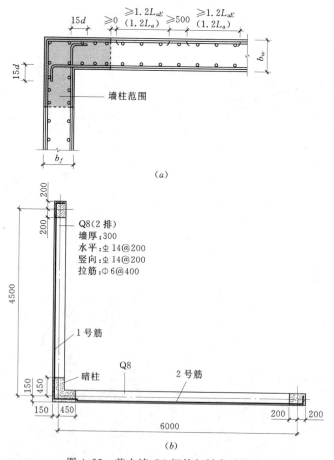

（a）

（b）

图 4.55　剪力墙 Q8 钢筋与转角墙构造

（a）转角墙构造（一），外侧上、下相邻两排水平钢筋在转角一侧交错搭接；（b）剪力墙 Q8 钢筋

2. 内侧钢筋长度计算

(1) 墙一端为边框柱，一端为角柱时。

$$内侧钢筋＝墙外皮长(包括边框柱)－保护层＋弯折15d$$

如图 4.56 所示。

$$①号钢筋长度＝(L_1＋b_1＋b_2)－2c＋15d×2＝4500＋150＋200－2$$
$$×15＋2×15×14＝5240(mm)$$
$$②号钢筋长度＝(L_2＋b_3＋b_4)－2c＋15d×2＝3000＋150＋200－2$$
$$×15＋2×15×14＝3740(mm)$$

(2) 墙一端无暗柱，一端为角柱时，如图 4.57 所示，计算方法同"墙一端为暗柱，一端为角柱"。

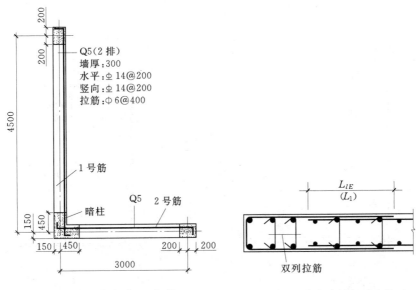

图 4.56 剪力墙 Q5 钢筋　　　　图 4.57 剪力墙端部无暗柱时
钢筋锚固（当墙厚度较小时）

(3) 墙一端为暗柱，一端为端柱时，如图 4.58 所示。

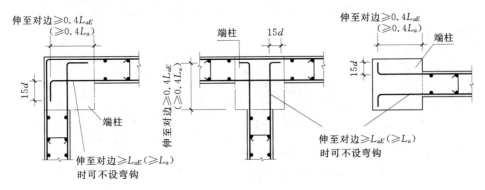

图 4.58 剪力墙一端为端柱时水平钢筋锚固

内侧钢筋长度＝墙净长＋锚固长度（弯锚、直锚）

如图 4.59 所示，根据图集要求：伸至对边长度不小于 L_{aE} 时可不设弯钩。

因为，水平筋从墙内侧算起伸至对边长度＝$150+450-15=585(\text{mm})>L_{aE}=34d=34\times14=476(\text{mm})$，所以，2 号内侧钢筋长度＝$3000+200+150+15\times14-15\times2=3530$（mm）。

如图 4.60 所示。

因为，水平筋从墙内侧算起伸至对边长度＝$300+150-15=435(\text{mm})<L_{aE}=34d=34\times14=476(\text{mm})$，且大于 $0.4L_{aE}=0.4\times34d=0.4\times34\times14=190.4(\text{mm})$，所以，根据 03G101—1 要求，2 号内侧钢筋长度＝$3000+200+150+15\times14\times2-15\times2=3740(\text{mm})$。

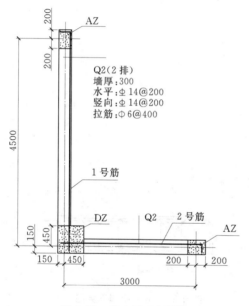

图 4.59　剪力墙 Q2 钢筋

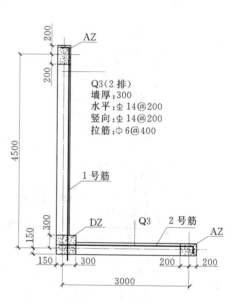

图 4.60　剪力墙 Q3 钢筋

3. 斜交墙

内侧钢筋＝墙外皮长（包括边框柱）－保护层 c＋锚固长度 L_{aE}

如图 4.61 所示。

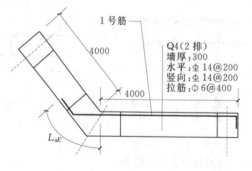

图 4.61　剪力墙 Q4 钢筋

根据 03G101—1 要求，有

1 号钢筋长度 $=(L_1+b_1-c)+34d=4000+200-15+34\times14=4661(\text{mm})$

4. 剪力墙墙身有洞口时

当剪力墙墙身有洞口时，墙身水平筋在洞口左右两边截断，分别向内弯折，交叉搭接 $5d$，如图 4.62 所示。

因为

$$5d=5\times14=70(\text{mm})$$
$$15d=15\times14=210(\text{mm})$$
$$墙厚 300-保护层 15\times2=270(\text{mm})$$
$$(210-270/2)\times2=75\times2=150\geqslant5d=70(\text{mm})$$

所以

1 号钢筋长度 $=800+200\times2+15\times14\times2-2\times15(保护层)=1590(\text{mm})$

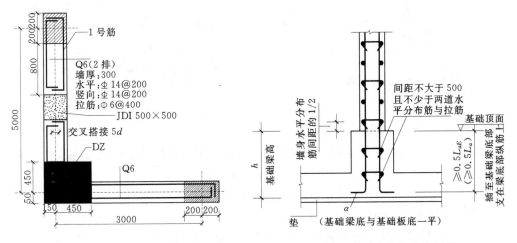

图 4.62　剪力墙 Q6 钢筋（有洞口）　　　　图 4.63　基础内的墙身水平筋

5. 水平钢筋根数

$$水平钢筋每层根数=\frac{层高}{间距}(边框梁和连梁墙身水平筋照设)$$

$$水平钢筋总根数=\frac{墙体总高}{间距}+1(边框梁和连梁墙身水平筋照设)$$

04G101—3 第 32 页，基础内的墙身水平筋见图 4.63。

注意：如果剪力墙存在多排垂直筋和水平钢筋时，其中间水平钢筋在拐角处的锚固措施同该墙的内侧水平筋的锚固构造。

4.2.4.2　剪力墙墙身竖向钢筋计算

1. 首层墙身竖向钢筋长度计算

首层墙身竖向钢筋长度 $=$ 基础插筋 $+$ 首层层高 $+$ 伸入上层的搭接长度

基础插筋长度 $=$ 基础(或基础梁)高度 $-$ 保护层厚度 $+$ 弯折长度 a
$+$ 伸出基础顶面的搭接长度 $(\geqslant1.2L_{aE})$

a 的取值一般在设计图纸中标注，如果未标注则按表 4.7 取值。

表 4.20		计 算 条 件				
混凝土强度等级	抗震等级	墙体厚度 b_f	墙体保护层厚度 c	钢筋定尺长度	连接方式	受拉钢筋锚固长度 L_{aE}
C30	二级	300	15	6000、9000	搭接	$34d$
竖向钢筋：$\Phi 14@200$，墙厚 300						

如图 4.64 所示，根据表 4.20 的计算条件，计算剪力墙首层墙身竖向钢筋。

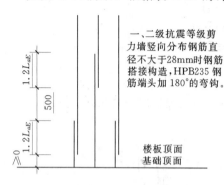

一、二级抗震等级剪力墙竖向分布钢筋直径不大于28mm时钢筋搭接构造，HPB235 钢筋端头加 180°的弯钩。

楼板顶面
基础顶面

图 4.64　剪力墙竖向分布筋搭接

假设基础厚度为 600mm，则

$$L_{aE}=34d=34\times14=476(\text{mm})$$

因为

$$h=600>0.8L_{aE}$$
$$=0.8\times476=380.8(\text{mm})$$

所以

$$a=\max\{6d,150\}$$
$$=\max\{6\times14,150\}=150(\text{mm})$$

插筋长度＝基础（或基础梁）高度
　　　－保护层厚度＋弯折长度 a
　　　＋伸出基础顶面的搭接长度（$\geqslant1.2L_{aE}$）
　　　＝$600-40+150+1.2\times34\times14$
　　　＝$1281.2(\text{mm})$

假设首层层高为 4500mm，则

$$\text{首层钢筋长度＝首层层高＋伸入上层的搭接长度}\,1.2L_{aE}$$
$$=4500+1.2\times34\times14$$
$$=5071.2(\text{mm})$$

2. 中间层墙身竖向钢筋长度

中间层墙身竖向钢筋长度＝本层层高＋伸入上层的搭接长度 $1.2L_{aE}$

假设中间层层高 3600mm，则

中间层墙身竖向钢筋长度＝本层层高＋伸入上层的搭接长度 $1.2L_{aE}$
$$=3600+1.2\times34\times14=4171.2(\text{mm})$$

3. 墙身变截面处竖向钢筋长度

墙身变截面处竖向钢筋锚固如图 4.65 所示。

（1）下层竖向钢筋长度＝本层层高－墙保护层厚度 c＋本层墙厚－墙保护层厚度 $2c$－水平筋直径 $2d$－竖向钢筋直径 d。

假设下层层高为 4500mm，则

下层竖向钢筋长度＝$4500-15+300-2\times15$
　　　　　　　　$-2\times14-14=4713(\text{mm})$

（2）上层竖向钢筋长度＝本层层高＋伸入上层的搭接长度 $1.2L_{aE}$＋伸入下层的搭接长度 $1.5L_{aE}$。

假设上层层高 3600mm，则

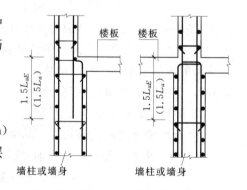

楼板　　楼板

墙柱或墙身　　墙柱或墙身

图 4.65　墙身变截面处竖向钢筋锚固

$$上层竖向钢筋长度=3600+1.2\times34\times14+1.5\times34\times14=4885.2(\text{mm})$$

4. 顶层墙身竖向钢筋长度

$$顶层墙身竖向钢筋长度=顶层净高+顶层锚固长度L_{aE}$$

如图 4.66 所示，假设顶层层高为 3600mm，则

$$顶层竖向钢筋长度=3600-200+34\times14=3876(\text{mm})$$

5. 剪力墙墙身有洞口时

剪力墙墙身有洞口时，墙身竖向钢筋在洞口上下两边截断，分别横向弯折 $15d$。

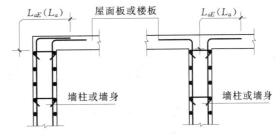

剪力墙竖向钢筋顶部构造

图 4.66　顶层墙身竖向钢筋锚固

6. 墙身竖向钢筋根数

墙身竖向钢筋根数＝墙净长/间距＋1

从 03G101—1 第 49 页和第 50 页以及 06G901—1 第 32～37 页可以看出：墙身竖向钢筋第一根钢筋距柱边的距离等于墙身竖向钢筋间距的 1/2。

图 4.60 中剪力墙 Q3 竖向钢筋根数＝$(4500-300-200-200\times1/2\times2)\div200+1=20$（根）。

4.2.4.3　剪力墙墙身拉筋计算

06G901—1 第 3～22 页，剪力墙墙身拉筋排布图，如图 4.67 所示，计算条件见表 4.21。

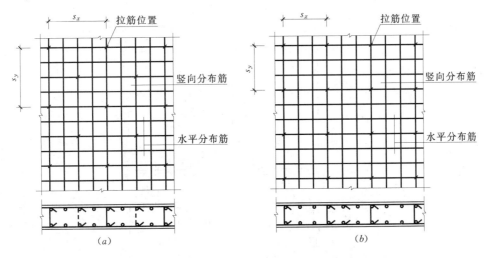

图 4.67　剪力墙墙身拉筋排布图

（a）梅花形排布；（b）矩形排布

表 4.21			计　算　条　件			
混凝土强度等级	抗震等级	墙体厚度 b_f	墙体保护层厚度 c	钢筋定尺长度	连接方式	受拉钢筋锚固长度 L_{aE}
C30	二级	300	15	6000、9000	搭接	$34d$
水平钢筋Φ14@200；竖向钢筋Φ14@200；拉筋Φ6@400；墙厚300						

141

长度＝墙厚－保护层＋弯钩（弯钩长度＝2×11.9d）＋拉筋直径 d

拉筋长度＝$300-15×2+2×11.9d+d=300-30+2×11.9×6+6=418.8$(mm)

根数＝墙净面积/拉筋的布置面积

注：墙净面积是指要扣除边框（端）柱、边框（连）梁，即墙面积－门窗洞口总面积－边框柱面积－边框梁面积。

拉筋的布置面积是指其横向间距×竖向间距。

例：（$9000×3600$）/（$600×600$）。

任务4.3　剪力墙钢筋计算实例

已知条件，参照图集03G101—1第19～21页，该建筑物地上16层，塔楼两层，地下两层，其他条件见表4.22。

表4.22　　　　　　　　　　　　计　算　条　件

抗震等级	混凝土强度等级	梁保护层	柱保护层	墙体保护层	楼面板和屋面板厚	钢筋定尺长度	连接方式	受拉钢筋锚固长度 L_{aE}
二级	C30	25	30	15	120	6000、9000	搭接	34d

图纸介绍：

图集03G101—1中的图纸包括剪力墙平法施工图（图4.68和图4.69），边框梁、边框梁布置图，结构层楼面标高表，剪力墙梁表，剪力墙身表，剪力墙柱表（表4.23、表4.24）等。

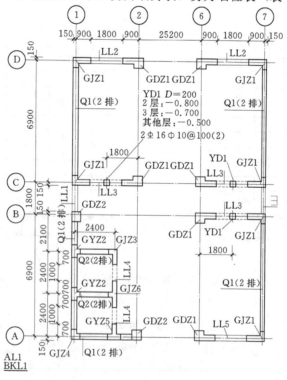

图4.68　－0.030～59.070剪力墙平法施工图示例

注：剪力墙柱表见表4.23。

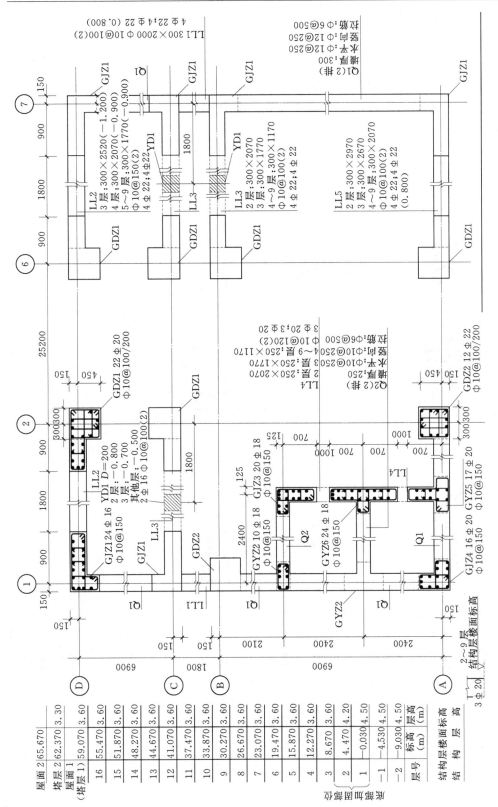

图 4.69 8.67~30.27 剪力墙平法施工图

143

表 4.23

剪 力 墙 柱 表

截面	编号	标高	纵筋	箍筋
（GDZ1 截面图 1200×600，300(250)）	GDZ1	−0.030～8.670 8.670～30.270 (30.270～59.070)	22 Φ 22 22 Φ 20 (22 Φ 18)	Φ10@100 Φ10@100/200 (Φ10@100/200)
（GDZ2 截面图 600×600）	GDZ2	−0.030～8.670 8.670～59.070 59.070～65.670	12 Φ 25 12 Φ 22 12 Φ 20	Φ10@100 Φ10@100/200 Φ10@100/200
（GJZ4 截面图 300×400，未注明的尺寸按标准构造详图）	GJZ4	−0.030～8.670 8.670～30.270 (30.270～59.070) 59.070～65.670	16 Φ 22 16 Φ 20 (16 Φ 18) 12 Φ 18	Φ10@150 Φ10@150 (Φ10@200) Φ8@100

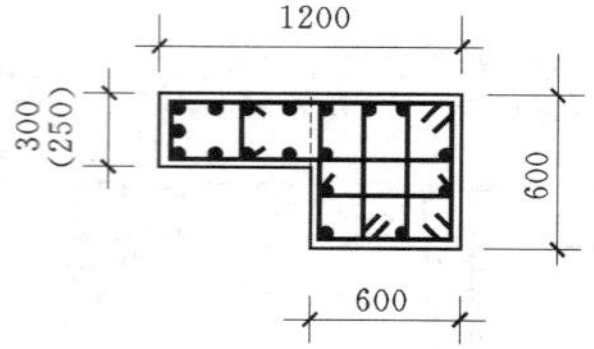

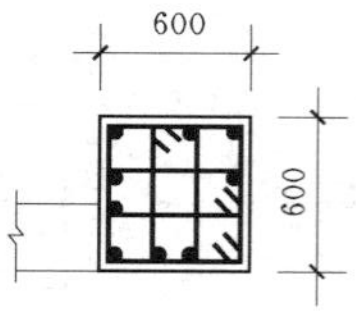

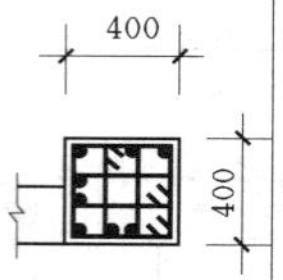

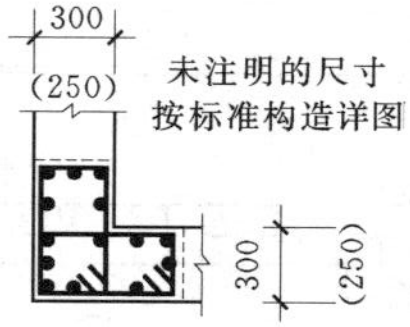

截面	编号	标高	纵筋	箍筋
（GJZ1 截面图 1050，300(250)，未注明的尺寸按标准构造详图）	GJZ1	−0.030～8.670 8.670～30.270 (30.270～59.070)	24 Φ 20 24 Φ 18 (24 Φ 16)	Φ10@100 Φ10@150 (Φ10@150)
（GYZ2 截面图 250，未注明的尺寸按标准构造详图）	GYZ2	−0.030～8.670 8.670～30.270 (30.270～59.070)	20 Φ 20 10 Φ 18 (10 Φ 18)	Φ10@100 Φ10@150 (Φ10@150)
（GJZ3 截面图 250，825(800)，未注明的尺寸按标准构造详图）	GJZ3	−0.030～8.670 8.670～30.270 (30.270～59.070)	20 Φ 20 20 Φ 18 (20 Φ 18)	Φ10@100 Φ10@150 (Φ10@150)

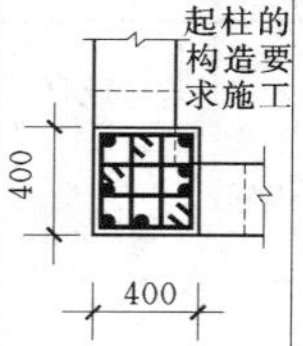

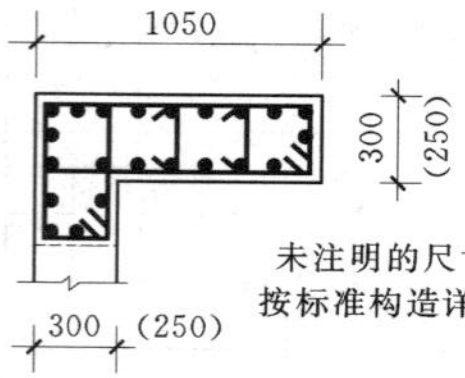

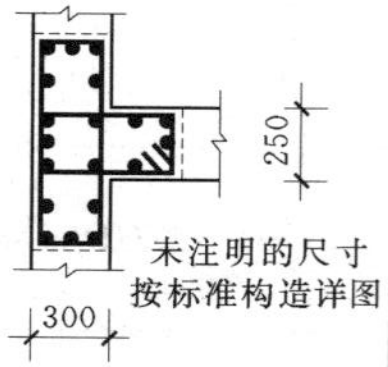

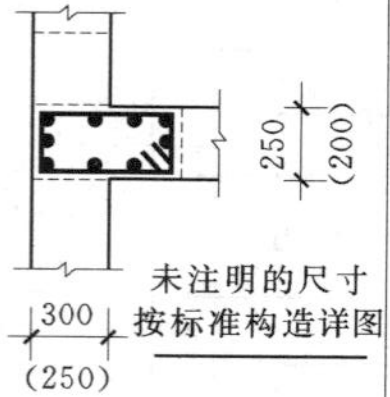

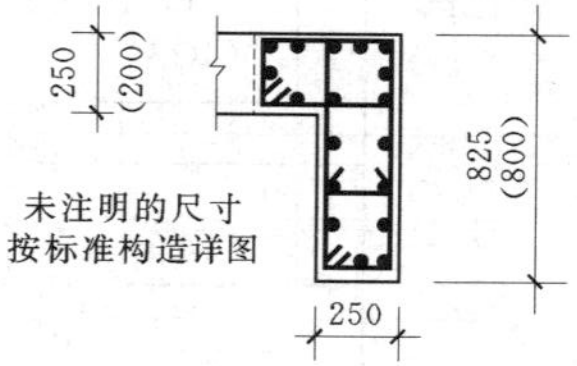

结构层楼面标高 结构层高

层号	标高(m)	层高(m)
屋面2	65.670	
塔层2	62.370	3.30
屋面1(塔层1)	59.070	3.30
16	55.470	3.60
15	51.870	3.60
14	48.270	3.60
13	44.670	3.60
12	41.070	3.60
11	37.470	3.60
10	33.870	3.60
9	30.270	3.60
8	26.670	3.60
7	23.070	3.60
6	19.470	3.60
5	15.870	3.60
4	12.270	3.60
3	8.670	4.20
2	4.470	4.50
1	−0.030	4.50
−1	−4.530	4.50
−2	−9.030	4.50

144

表4.24

GJZ1 的钢筋计算（一个柱）表

名称	标高(m)	直径(mm)	级别	长度(mm)	根数(根)	总长=长度×根数(mm)
纵筋	−0.030~8.670	20		$8670+30+1.2L_{aE1}+1.2L_{aE2}$ $=8700+1.2×34×20+1.2×34×18$ $=10250.4$	24	246010
	8.670~30.270	18	二级	$30270-8670+1.2L_{aE1}×5+1.2L_{aE2}$ $=30270-8670+1.2×34×18×5+1.2×34×16$ $=259248$	15	3888720
				$30270-8670+1.2L_{aE}×5-15+300-30×2-18$ $=30270-8670+1.2×34×18×5-15+300-30×2-18$ $=25479$	9	229311
	30.270~59.070	16		$59070-30270+1.2L_{aE}×7+伸入屋面板(L_{aE}-120)$ $=28800+1.2×34×16×7+34×16-120$ $=33793.6$	15	506904
				$59070-30270+1.2L_{aE}×7+伸入下层1.5L_{aE}+伸入屋面板(L_{aE}-120)$ $=28800+1.2×34×16×7+1.5×34×16+34×16-120$ $=34609.6$	9	311486
箍筋1	−0.030~8.670	10	一级	$(b+h)×2-8c+8d+1.9d×2+\max\{10d,75\}×2$ $=(1050+300)×2-8×30+8×10+1.9×10×2+\max\{10×10,75\}×2$ $=2778$	$(8670+30)÷100=87$	241686
	8.670~30.270	10		2778	$[(1.2×34×18÷90)+1]×6+[(3600-1.2×34×18)÷150-1]×6$ $=10×6+19×6=174$	483372

续表

名称	标高(m)	直径(mm)	级别	长度(mm)	根数(根)	总长=长度×根数(mm)
箍筋 1	30.270~59.070	10	一级	$(b+h)×2-8c+8d+1.9d×2+\max\{10d,75\}×2$ $=(1050+250)×2-8×30+8×10+1.9×10×2+\max\{10×10,75\}×2$ $=2678$	$[(1.2×34×16÷80)+1]×8+[(3600-1.2×34×16)÷150-1]×8$ $=10×8+20×8=240$	642720
	-0.030~8.670			$(b+h)×2-8c+8d+1.9d×2+\max\{10d,75\}×2$ $=(600+300)×2-8×30+8×10+1.9×10×2+\max\{10×10,75\}×2$ $=1878$	87	163386
箍筋 2	8.670~30.270	10	一级	1878	174	326772
	30.270~59.070			$(b+h)×2-8c+8d+1.9d×2+\max\{10d,75\}×2$ $=(550+250)×2-8×30+8×10+1.9×10×2+\max\{10×10,75\}×2$ $=1678$	240	402720
拉筋	-0.030~8.670	10	一级	$h-$保护层 $2c+$箍筋直径 $2d+$拉筋直径 $2d+1.9d×2+\max\{10d,75\}×2$ $=300-2×30+2×10+2×10+1.9×10×2+\max\{10×10,75\}×2$ $=518$	$87×2=174$	90132
	8.670~30.270			518	$174×2=348$	180264
	30.270~59.070			$h-$保护层 $2c+$箍筋直径 $2d+$拉筋直径 $2d+1.9d×2+\max\{10d,75\}×2$ $=250-2×30+2×10+2×10+1.9×10×2+\max\{10×10,75\}×2$ $=468$	$240×2=480$	224640

注：1. 柱截面在标高 30.270 处发生变化，纵筋搭接见 03G101—1 第 48 页，箍筋长度也发生变化。

　　2. 因为在标高 8.670 以上箍筋间距为 150，按照 03G101—1 第 49 页的注，第 4 条规定，纵向钢筋搭接范围内的箍筋间距均不小于 5d（d 为搭接钢筋较小直径）及不小于 100 的间距加密箍筋。

下面主要介绍 03G101—1 的墙柱、墙梁、墙身的钢筋计算方法。

4.3.1 墙柱钢筋计算

以墙柱 GJZ1 的钢筋计算为例，只计算标高（−0.030～59.070）范围。

先计算纵筋搭接长度，箍筋在纵筋搭接范围内加密，以便计算箍筋根数时用。

纵筋搭接长度 $\qquad L_{lE} = 1.2L_{aE} = 1.2 \times 34d$

当 $d = 25\text{mm}$ 时 $\qquad L_{lE} = 1.2 \times 34 \times 25 = 1020(\text{mm})$

当 $d = 22\text{mm}$ 时 $\qquad L_{lE} = 1.2 \times 34 \times 22 = 897.6(\text{mm})$

当 $d = 20\text{mm}$ 时 $\qquad L_{lE} = 1.2 \times 34 \times 20 = 816(\text{mm})$

当 $d = 18\text{mm}$ 时 $\qquad L_{lE} = 1.2 \times 34 \times 18 = 734.4(\text{mm})$

当 $d = 16\text{mm}$ 时 $\qquad L_{lE} = 1.2 \times 34 \times 16 = 652.8(\text{mm})$

GJZ1 的钢筋计算（一个柱）见表 4.24。

按照上述方法把所有的墙柱钢筋全部计算出来，数出图纸上的每个柱的个数，然后乘以表中钢筋长度，再乘以每米钢筋重量即得钢筋总重。

如平面图 4.69 所示，GJZ1 共 6 个。

4.3.2 墙梁钢筋计算

剪力墙梁见表 4.25。

表 4.25 剪 力 墙 梁 表

			剪 力 墙 梁 表				
编号	所在楼层号	两顶相对标高高差（m）	梁截面 $b \times h$（mm×mm）	上部纵筋	下部纵筋	侧面纵筋	箍 筋
LL1	2～9	0.800	300×2000	4 ⊈ 22	4 ⊈ 22	同 Q1 水平分布筋	Φ10@100(2)
	10～16	0.800	250×2000	4 ⊈ 20	4 ⊈ 20		Φ10@100(2)
	屋面		250×1200	4 ⊈ 20	4 ⊈ 20		Φ10@100(2)
LL2	3	−1.200	300×2520	4 ⊈ 22	4 ⊈ 22	同 Q1 水平分布筋	Φ10@100(2)
	4	−0.900	300×2070	4 ⊈ 22	4 ⊈ 22		Φ10@150(2)
	5～9	−0.900	300×1770	4 ⊈ 22	4 ⊈ 22		Φ10@150(2)
	10～屋面 1	−0.900	250×1770	3 ⊈ 22	3 ⊈ 22		Φ10@150(2)
LL3	2		300×2070	4 ⊈ 22	4 ⊈ 22	同 Q1 水平分布筋	Φ10@100(2)
	3		300×1770	4 ⊈ 22	4 ⊈ 22		Φ10@100(2)
	4～9		300×1170	4 ⊈ 22	4 ⊈ 22		Φ10@100(2)
	10～屋面 1		250×1170	3 ⊈ 22	3 ⊈ 22		Φ10@100(2)
LL4	2		250×2070	3 ⊈ 20	3 ⊈ 20	同 Q2 水平分布筋	Φ10@120(2)
	3		250×1770	3 ⊈ 20	3 ⊈ 20		Φ10@120(2)
	4～屋面 1		250×1170	3 ⊈ 20	3 ⊈ 20		Φ10@120(2)
			......				
AL1	2～9		300×600	3 ⊈ 20	3 ⊈ 20		Φ8@150 (2)
	10～16		250×500	3 ⊈ 18	3 ⊈ 18		Φ8@150 (2)
BKL1	屋面 1		500×700	4 ⊈ 22	4 ⊈ 22		Φ10@150(2)

表4.26

连梁 LL1 钢筋计算表

名称	所在楼层号	梁截面 $b×h$ (mm×mm)	钢筋	长度 (mm)	钢筋根数 (根)	总长（长度×根数） (mm)
上、下纵筋	2~9	300×2000	4Φ22	左锚固长度+洞口宽度+右锚固长度 =748+1500+748=2996	8	23968
	10~16	250×2000	4Φ20	左锚固长度+洞口宽度+右锚固长度 =680+1500+680=2860	8	22880
	屋面	250×1200	4Φ20	2860	8	22880
箍筋	2~9	300×2000	Φ10@100(2)	$(b+h)×2-8c+8d+1.9d×2+max\{10d,75\}×2$ $=(300+2000)×2-8×25+8×10+1.9×10×2+max\{10×10,75\}×2$ $=4718$	根数=洞口上部根数={洞口宽度-50×2)/间距+1 =(1500-50×2)÷100+1 =15	70770
	10~16	250×2000		$(b+h)×2-8c+8d+1.9d×2+max\{10d,75\}×2$ $=(250+2000)×2-8×25+8×10+1.9×10×2+max\{10×10,75\}×2$ $=4618$	根数=15	69270
	屋面	250×1200		$(b+h)×2-8c+8d+1.9d×2+max\{10d,75\}×2$ $=(250+1200)×2-8×25+8×10+1.9×10×2+max\{10×10,75\}×2$ $=3018$	根数=左锚固根数+洞口上部根数+右锚固根数 =（左锚固长度-100）÷150+1+（洞口宽度-50×2)÷间距+1+（左锚固宽-50×2)÷150+1 =(680-100)÷150+1+(1500-50×2)÷间距+1+(680-100)÷150+1 =5+15+5=25	75450
拉筋		300×2000	Φ6@200	$b-2c+2d+1.9d×2+max\{10d,75\}×2$ $=300-2×25+2×6+1.9×6×2+max\{10×6,75\}×2$ $=434.8$	根数=每排根数×排数 =(15÷2+1)×[2000÷(250×2)-1] =9×3=27	11740
		250×2000		$b-2c+2d+1.9d×2+max\{10d,75\}×2$ $=250-2×25+2×6+1.9×6×2+max\{10×6,75\}×2$ $=384.8$	27	10390
		250×1200		384.8	根数=每排根数×排数 =(15÷2+1)×[1200÷(250×2)-1] =9×2=18	6926

表 4.27　　边框梁 AL1、边框梁 BKL1 钢筋计算表

名称	所在楼层号	梁截面 $b×h$ (mm×mm)	钢筋	长度 (mm)	钢筋根数 (根)	总长 (长度×根数)(mm)
上、下纵筋	2～9	300×600	3 Φ 20	从 A 轴到 B 轴的轴线长+150-保护层+弯折 15d+150-LL1 锚固长 L_{aE}+AL1 和 LL1 的搭接长 L_{lE} =(6900+150-25+15×20+150-34×22+952)×2 =7679×2=15358	6	92148
	10～16	250×500	3 Φ 18	从 A 轴到 B 轴的轴线长+150-保护层+弯折 15d+150-LL1 锚固长 L_{aE}+AL1 和 LL1 的搭接长 L_{lE} =(6900+150-25+15×18+150-34×20+856.8)×2 =7621.8×2=15243.6	6	91462
	屋面	500×750	4 Φ 22	上部长度=从 A 轴到 B 轴的轴线长+150-保护层+弯折 L_{lE}+150-LL1 锚固长 L_{aE}+AL1 和 LL1 的搭接长 L_{lE} =(6900+150-25+1047.2+150-34×20+1047.2)×2 =8589.4×2=17178.8	4	68715
				下部长度=从 A 轴到 B 轴的轴线长+150-保护层+弯折 15d+150-LL1 锚固长 L_{aE}+AL1 和 LL1 的搭接长 L_{lE} =(6900+150-25+15×22+150-34×20+1047.2)×2 =7872.2×2=15744.2	4	62978
箍筋	2～9	300×600	Φ8@150(2)	$(b+h)×2-8c+8d+1.9d×2+\max(10d,75)×2$ =(300+600)×2-8×25+8×8+1.9×8×2+max(10×8,75)×2 =1854.4 根数=[(6900-450-50+150-100)÷150+1]×2=44×2=88		163187

续表

名称	所在楼层号	梁截面 $b \times h$ (mm×mm)	钢筋	长度 (mm)	钢筋根数 (根)	总长 (长度×根数)(mm)
箍筋	10～16	250×500	Φ8@150(2)	$(b+h) \times 2 - 8c + 8d + 1.9d \times 2 + \max\{10d,75\} \times 2$ $= (250+500) \times 2 - 8 \times 25 + 8 \times 8 + 1.9 \times 8 \times 2 + \max\{10 \times 8, 75\} \times 2$ $= 1754.4$	根数 $= [(6900-400-50+150-100) \div 150 + 1] \times 2$ $= 45 \times 2 = 90$	157896
	屋面	500×750	Φ10@150(2)	$(b+h) \times 2 - 8c + 8d + 1.9d \times 2 + \max\{10d,75\} \times 2$ $= (500+750) \times 2 - 8 \times 25 + 8 \times 10 + 1.9 \times 10 \times 2 + \max\{10 \times 10, 75\} \times 2$ $= 2618$	根数 $= (6900 \times 2 + 1800 - 400 \times 2 - 50 \times 2 - 1500)$ $\div 150 + 2 + [(1500 - 50 \times 2) \div 100 + 1]$ $= 90 + 15 = 105$	75450
拉筋		300×600	Φ6@200	$b - 2c + 2d + 1.9d \times 2 + \max\{10d,75\} \times 2$ $= 300 - 2 \times 25 + 2 \times 6 + 1.9 \times 6 \times 2 + \max\{10 \times 6, 75\} \times 2$ $= 434.8$	根数 $=$ 每排根数×排数 $= (88 \div 2 + 1) \times [600 \div (250 \times 2) - 1]$ $= 45 \times 1 = 45$	19566
		250×500		$b - 2c + 2d + 1.9d \times 2 + \max\{10d,75\} \times 2$ $= 250 - 2 \times 25 + 2 \times 6 + 1.9 \times 6 \times 2 + \max\{10 \times 6, 75\} \times 2$ $= 384.8$	根数 $=$ 每排根数×排数 $= (90 \div 2 + 1) \times 1$ $= 46 \times 1 = 46$	17700.8
		500×750		$b - 2c + 2d + 1.9d \times 2 + \max\{10d,75\} \times 2$ $= 500 - 2 \times 25 + 2 \times 6 + 1.9 \times 6 \times 2 + \max\{10 \times 6, 75\} \times 2$ $= 634.8$	根数 $=$ 每排根数×排数 $= (105 \div 2 + 1) \times 2$ $= 54 \times 2 = 108$	68558

1. 连梁钢筋计算

以连梁 LL1 为例，LL1 已知条件见表 4.25，参考图 4.68、图 4.69 以及图集 03G101—1 第 51 页的图。

连梁 LL1 属于单洞口连梁，按表 4.15 和表 4.16 的公式计算。

洞口宽 $1800-150-150=1500$(mm)。

2～9 层，共 8 根。

10～16 层，共 7 根。

屋面，共 1 根。因为连梁 LL1 在①轴线上，标高到 59.070。

计算过程见表 4.26。

对于 10 层以上有

左锚固长度＝左锚固长度＝$\max\{L_{aE},600\}=\max\{34d,600\}=\max\{34\times20,600\}=680$(mm)

对于 2～9 层有

左锚固长度＝左锚固长度＝$\max\{L_{aE},600\}=\max\{34d,600\}=\max\{34\times22,600\}=748$(mm)

2. 边框梁、边框梁钢筋计算

以边框梁 AL1、边框梁 BKL1 为例，只计算①轴线上的边框梁 AL1 的钢筋。

如图 4.70 所示，按照表 4.25 和图集 06G901—1 第 3～15 和第 3～18 页，边框梁与连梁的搭接长度为 $\max\{L_{lE},600\}=\max\{1.4L_{aE},600\}$

当 $d=18$ 时　　$1.4L_{aE}=1.4\times34d=1.4\times34\times18=856.8$(mm)

当 $d=20$ 时　　$1.4L_{aE}=1.4\times34d=1.4\times34\times20=952$(mm)

当 $d=22$ 时　　$1.4L_{aE}=1.4\times34d=1.4\times34\times22=1047.2$(mm)

AL1、BKL1 钢筋计算见表 4.27。

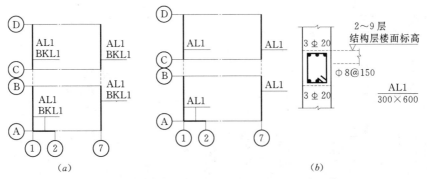

图 4.70　剪力墙边框梁 AL1、边框梁 BKL1 布置简图
(a) 暗梁、边框梁布置简图；(b) 暗梁布置简图

表 4.28　　　　　　　　　　　　　　剪 力 墙 身 表

剪 力 墙 身 表					
编号	标高	墙厚	水平分布筋	垂直分布筋	拉筋
Q1（2 排）	$-0.030\sim30.270$	300	Φ12@250	Φ12@250	Φ6@500
	$30.270\sim59.070$	250	Φ10@250	Φ10@250	Φ6@500
Q2（2 排）	$-0.030\sim30.270$	250	Φ10@250	Φ10@250	Φ6@500
	$30.270\sim59.070$	200	Φ10@250	Φ10@250	Φ6@500

表 4.29

Q1①轴线钢筋计算表

标高	墙厚(mm)	钢筋		长度(mm)	根数(根)	总长(mm)
-0.030~8.670	300	水平筋 Φ12@250	洞口两侧	$6900+150\times2+15d\times2+6.25d\times2-2c$ $=6900+150\times2+15\times12\times2-2\times15$ $=7680$	根数=洞口口净高/间距×排数 $=(4500-2000+800+4200+2000-800)/250\times2(两侧对称)\times2$ $=6300/250\times2\times2=26\times2\times2=104$	399360
			洞口上方	$15900+15d\times2+6.25d\times2-2c+1.2L_{aE}$ $=15900+15\times12\times2+6.25\times12\times2-2\times15+$ $1.2\times34\times12$ $=16870$	根数=[(连梁高-50×2)/间距$+1$]×排数 $=[(2000-50\times2)/250+1+(2000-800-50)/250+1]\times2=15\times2=30$	506100
		垂直筋 Φ12@250		$8670+30+(1.2L_{aE}+6.25d)\times2$ $=8700+(1.2\times34\times12+6.25\times12)\times2$ $=9829.2$	根数=Σ[(墙体净长-间距)/间距$+1$]×排数 $=\Sigma[($墙总长-柱长-门窗洞口总宽-间距$)/$间距$+1]\times$排数 $=\{[(6900-450-450-250)/250+1]+[(2100-450-300-250/2-250)/250+1]$ $+[(2400-300-250/2-300-250/2-250)/250+1]+[(2400-300-250/2$ $-450-250)/250+1]\}\times2=\{24+5+7+7\}\times2$ $=43\times2=86$	845311
		拉筋 Φ6@500		$b-2c+2d+1.9d\times2+\max\{10d,75\}\times2$ $=300-2\times15+2\times6+1.9\times6\times6\times2+\max\{10$ $\times6,75\}\times2$ $=454.8$	根数=墙净面积/拉筋的布置面积 $=($墙面积-门窗洞口总面积-边框柱面积-边框梁面积$)/($横向间距×竖向间距$)$ $=(13833000-9450000-3567000-10080000)/(500\times500)$ $=8313000/250000=333$ 其中 墙面积=墙高×墙长 $=(8670+30)\times(6900\times2+1800+150\times2)=8700\times15900=138330000$ 门窗洞口总面积 $=(1800-150\times2)\times(4200-2000+800)+(1800-150\times2)\times(4500-2000+800)$ $=9450000$ 边框柱面积=柱高×柱长$=(8670+30)\times(600\times4+850\times2)=8700\times4100$ $=35670000$ 边框梁面积=梁高×梁长=边框梁高×(端长-柱长)+(2层连梁高×(2层连梁长×(3层边框梁高×(3层连梁面高 -2层边框梁高×3层楼板下连梁长=边框梁高=600×(15900-4100)+(2000 -边框梁高-梁顶到楼面高 -600)×1500+(2000-800-600)×1500=10080000	151448

续表

标高	墙厚 (mm)	钢筋		长度 (mm)	根数 (根)	总长 (mm)
8.670~30.270	300	水平筋 Φ12@250	洞口两侧	7680	根数=洞口净高/间距×排数=一个洞口净高/间距×2两侧对称×洞口数×排数 =(3600-2000+800)/250×2×6×2 =2400/250×2×6×2=10×2×6×2=240	1843200
			洞口上方	16870	根数=[(连梁高-50×2)/间距+1]×连梁根数×排数 =[(2000-50×2)/250+1]×5+[(2000-800-50)/250+1]×2 =(9×5+6)×2=102	1720740
		垂直筋 Φ12@250		$3600 \times 6 + (1.2L_{aE1} + 6.25d) \times 5 + (1.2L_{aE2} + 6.25d)$ $=3600 \times 6 + (1.2 \times 34 \times 12 + 6.25 \times 12) \times 5 + (1.2 \times 34 \times 12 + 6.25 \times 12)$ $34 \times 10 + 6.25 \times 12$ $=24906$	根数=Σ[(墙体净长-间距)/间距+1]×排数 =Σ[(墙总长-柱长-门窗洞口总宽)/间距+1]×排数 =[(6900-450-450-250)/250/250+1]+[(2100-450-250-250)/2-250/250+1]+[(2400-250-450-250)/250/250+1]×2=(24+7+9+8)×2 =48×2=96	2390976
		拉筋 Φ6@500		454.8	根数=墙净面积/拉筋的布置面积 =(墙面积-门窗洞口总面积-边框柱面积-边框梁面积)/(横向间距×竖向间距) =(34340000-21600000-6264000-5940000)/(500×500) =800	363840
			其中		墙面积=墙高×墙长 =3600(层高)×6(层数)×(6900×2+1800+150×2)=3600×6×15900=343440000 门窗洞口总面积 =(1800-150×2)×(3600-2000+800)×6=21600000 边框柱面积=柱高×柱长=3600(层高)×(600×4+250×2)×6(层数)=3600×2900×6=62640000 边框梁面积=梁高×梁长-边框柱高×柱长-连梁高×连梁长×层数6+连梁高×连梁长×层数6 =600×(15900-2900-1500)×6+2000×1500×6=59400000	

153

续表

标高	墙厚(mm)	钢筋		长度(mm)	根数(根)	总长(mm)
30.270～59.070	250	水平筋 Φ10@250	洞口两侧	7680	根数=洞口净高/间距×排数=一个洞口净高/间距×2(两侧对称)×洞口数×排数(3600-2000+800)/250×2×8×2=2400/250×2×8×2=320	2457600
			洞口上方	16870	根数=[(连梁高-50×2)/间距+1]×连梁根数×排数=[(2000-50×2)/250+1]×8×2=9×8×2=144	2429280
		垂直筋 Φ10@250		$3600×8+(1.2L_{aE1}+6.25d)×7+L_{aE}$ -120(屋面板厚)+$(1.2L_{aE2}+6.25d)$ =3600×8+(1.2×34×10+6.25×10)×7+1.2×34×10-120+(1.2×34×10+6.25×10) =32852	根数=Σ[(墙体净长-间距)/间距+1]×排数=Σ[(墙总长-柱长-门窗洞口总宽-间距)/间距+1]×排数=[(6900-450-450-250)/250+1]+[(2100-450-100-250)/250+1]+[(2400-100-100-450-250)/250+1]+[(2400-100-450-250)/250+1]}×2=(24+7+9+8)×2=48×2=96	3153792
		拉筋 Φ6@500		$b-2c+2d+1.9d×2+\max\{10d,75\}×2$ =250-2×15+2×6+1.9×6×2+max{10×6,75}×2=404.8	根数=(墙面积-门窗洞口面积-边框柱面积-边框梁面积)/(横向间距×竖向间距)=(457920000-28800000-80640000-73300000)/(500×500)=1101	445571
			其中		墙面积=墙高×墙长=3600(层高)×8(层数)×(6900×2+1800+150×2)=3600×8×15900=457920000 门窗洞口总面积=(1800-150×2)×(3600-2000+800)×8(层数)=(600×4+200×2)×8(层数)=28800000 边框柱面积=柱高×柱长=3600×2800×8=80640000 边框梁面积=梁高×梁长=边框梁高×层数7+第16层楼面边框梁面积=500×(15900-2800-1500)×7+2000×1500×7+800×1500+1200×1500+750+屋面连梁面积+屋面边框梁面积=500×(15900-2800-1500)×(15900-2800-1500)=73300000	

4.3.3　墙身钢筋计算

剪力墙身表见表 4.28。以 Q1 为例，计算①轴线墙身钢筋，见表 4.29。

【训练提高】

1. 剪力墙柱纵筋的搭接长度如何确定？这与哪些因素有关？

2. 剪力墙柱内是否有墙体的水平筋、垂直筋和拉筋？

3. 剪力墙柱顶层纵筋的长度如何计算？

4. 剪力墙柱的箍筋长度如何计算？

5. 剪力墙柱加密区内的箍筋间距如何计算？

6. 连梁范围内是否有墙体的水平筋、垂直筋和拉筋？

7. 连梁纵筋如何计算？

8. 连梁的箍筋范围如何计算？

9. 边框梁范围内是否有墙体的水平筋、垂直筋和拉筋？

10. 剪力墙体的水平筋、垂直筋和拉筋如何计算？

11. 请计算图 4.69 中从标高 −0.030 以上部分 GDZ1、GDZ2、GJZ4、GYZ2、GJZ3、LL2、LL3、LL4、Q2 以及⑦轴线上的 AL1 和 BKL1 的钢筋。

【知识拓展】

剪力墙平法施工图看图要点

看图原则：先校对平面，后校对构件；根据构件类型，分类逐一细看；先看各构件，再看节点与连接。

(1) 看结构设计说明中的有关内容。明确底部加强区在剪力墙施工图中的部位及高度范围。

(2) 检查各构件的平面布置与定位尺寸。根据相应的建筑平面图墙柱及洞口布置，查对剪力墙各构件的平面布置与定位尺寸是否正确。特别应注意变截面处上下截面与轴线的梁轴线的关系。

(3) 从图中（截面注写方式）及表中（列表注写方式）检查剪力墙身、剪力墙柱、剪力墙梁的编号、起止标高、截面尺寸、配筋、箍筋。当采用列表注写方式时，应将表和结构平面图对应起来一起看。

(4) 剪力墙柱的构造详图和剪力墙身水平、竖直分布筋构造详图，结合平面图中剪力墙柱的配筋，搞清从基础到屋顶整根柱或整片墙的截面尺寸和配筋构造。

(5) 剪力墙梁的构造详图，结合平面图中剪力墙梁的配筋，全面理解梁的纵向钢筋、纵向钢筋锚固、箍筋设置要求、梁侧纵向构造钢筋的设置要求等。

(6) 其余构件与剪力墙的连接，剪力墙与填充墙的拉接。

(7) 全面理解剪力墙的配筋图，读者可以自己动手画出整片剪力墙各构件的配筋立面图。

项目5 钢筋计算软件的应用

【学习目标】

知识目标：

（1）了解软件计算钢筋工程量的一般原理。

（2）掌握鲁班钢筋预算软件的基本操作流程。

能力目标：

（1）能够根据平法施工图，利用鲁班钢筋预算软件计算钢筋工程量。

（2）能够根据钢筋算量软件的一般原理，迅速掌握其他钢筋算量软件的应用。

素质目标：

（1）能够耐心细致地利用计算机软件完成钢筋工程量的计算任务。

（2）能够具备一定的自学钢筋算量软件的能力，可以迅速掌握其他钢筋算量软件。

（3）能够具备一定的团队合作精神，可以和同事协作完成任务。

任务5.1 鲁班钢筋（预算版）软件的设计原理

5.1.1 行业现状

随着设计方法的技术革新，采用平面整体标注法进行设计的图纸已经占据总量的90％以上，钢筋工程量的计算也由原来的按构件详图计算转化为新的平法规则计算。平法的应用要求我们必须用新的工具代替手工计算。

随着行业内竞争的加剧，招投标周期越来越短，预算的精度要求越来越高，传统的算法已经不能满足日常工作的需求，只有利用计算机才能快速准确的算量。

5.1.2 软件作用

软件不仅能够完整的计算工程的钢筋总量，而且能够根据工程要求按照结构类型的不同、楼层的不同、结构的不同，计算出各自的钢筋明细量。

5.1.3 软件的计算依据

软件计算依据软件综合考虑了平法系列图集、结构设计规范、施工验收规范以及常见的钢筋施工工艺，能够满足不同的钢筋计算要求，如图5.1所示为现行钢筋平法规范的组成。

图5.1 平法规范的组成

5.1.4 鲁班钢筋（预算版）软件的功用

此软件不仅能够完整地计算工程的钢筋总量，而且还能够根据工程要求，按照结构类型的不同、楼层的不同、结构的不同，计算出各自的钢筋明细量，如图 5.2 所示。

5.1.5 鲁班钢筋（预算版）软件的操作模式

鲁班钢筋（预算版）软件（YS18.0.0）提供了两种处理构件的方法，即建模方式和非建模方式。

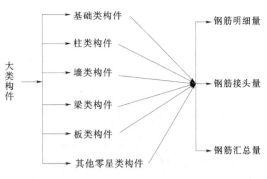

图 5.2 结构类型钢筋明细量

（1）建模方式是指通过定义构件属性，按照工程图纸，画出构件并为各构件进行配筋，由软件自动按照各构件之间的位置关系，根据计算规则进行钢筋工程量计算的一种处理方法。CAD 导图是建模方式的一种特殊形式，它是通过识别 CAD 电子文件中的构件，使其转化为钢筋软件中能计算的构件。

（2）非建模方式主要包括单构件法和单根法，它是解决一些特殊构件和零星构件的钢筋量计算。主体结构中的标准构件如基础、柱、墙、梁、板用建模方式比较有优势，而零星构件用非建模是很好的选择。建模与非建模两者互为补充、相得益彰、各尽其妙。

任务 5.2 鲁班钢筋（预算版）软件的操作流程

鲁班钢筋（预算版）YS18.0.0 操作流程如图 5.3 所示。

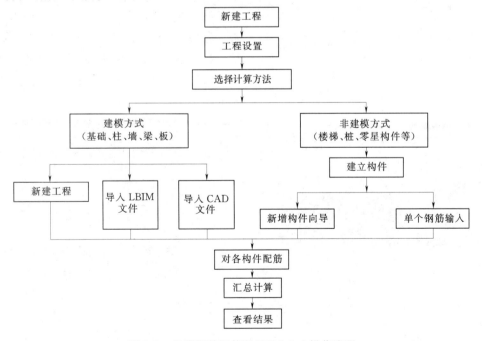

图 5.3 鲁班钢筋预算版 YS18.0.0 操作流程

5.2.1　建立新工程

（1）单击欢迎界面上的"新建工程"，进入新建工程界面，如图 5.4 所示。

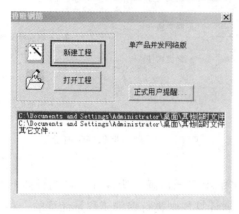

图 5.4　新建工程界面

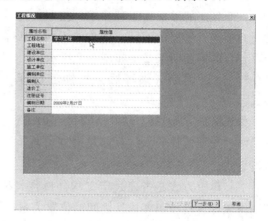

图 5.5　工程概况

图 5.6　计算规则

（2）第一步：输入"工程名称"及工程的相关工程概况，如图 5.5 所示。

（3）第二步：单击图 5.5 中的"下一步"，进入"计算规则"设定，如图 5.6 所示。

（4）第三步：单击图 5.6 中的"下一步"，进入"楼层设置"设定，如图 5.7 所示。

（5）第四步：单击图 5.7 中的"下一步"，进入"锚固设置"设定，如图 5.8 所示。

（6）第五步：单击图 5.8 中的"下一步"，进入"计算设置"设定，如图 5.9 所示。

（7）第六步：单击图 5.9 中的"下一步"，进入"搭接设置"设定，如图 5.10 所示。

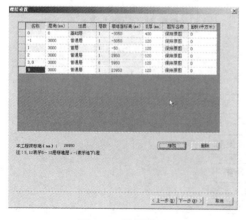

图 5.7　楼层设置

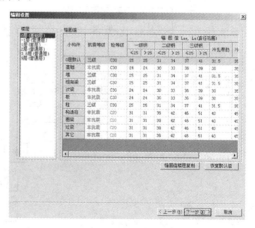

图 5.8　锚固设置

158

图 5.9　计算设置　　　　　　　　　　图 5.10　搭接设置

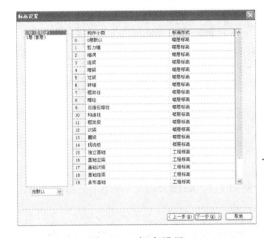

图 5.11　标高设置　　　　　　　　　　图 5.12　箍筋设置

（8）第七步：单击图 5.10 中的"下一步"，进入"标高设置"设定，如图 5.11 所示。

（9）第八步：单击图 5.11 中的"下一步"，进入"箍筋设置"设定，如图 5.12 所示。

5.2.2　建立轴网

（1）单击左侧的构件布置栏中"✚直线轴网 →0"弹出窗口如图 5.13 所示。

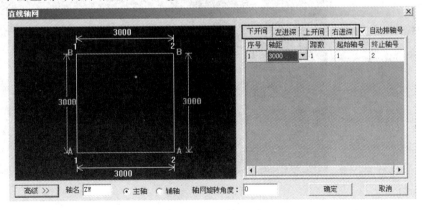

图 5.13　直线轴网设置

159

（2）鼠标左键选择图 5.13 中的 " 下开间 | 左进深 | 上开间 | 右进深 " 分别对其轴距、跨数、起始轴号、终止轴号的数据输入。

5.2.3　点构件绘制

点构件的分类如图 5.14 所示。

1. 绘制柱

（1）单击左侧的构件布置栏中 " 点击布柱 →0"，然后在左侧的"属性定义栏"中，对构件的类型进行选择和构件名称的选择，如图 5.15 所示。

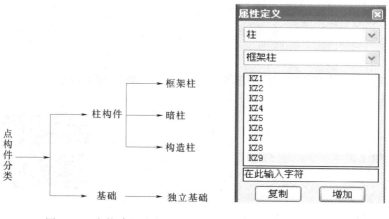

图 5.14　点构建的分类　　　　图 5.15　柱的属性定义

（2）按照图纸，在轴网上点击柱，即可绘制好柱，如图 5.16 所示，三维图形如图 5.17 所示。

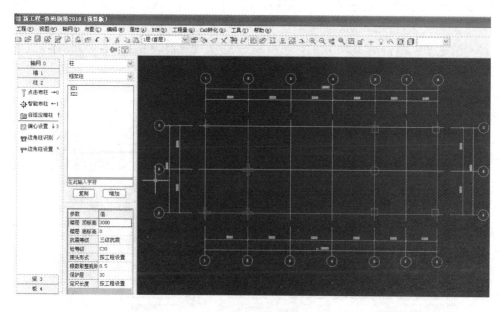

图 5.16　柱的绘制

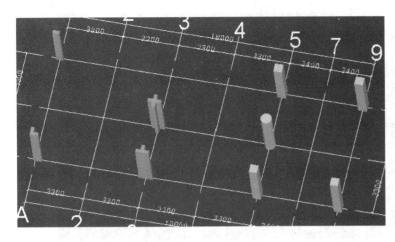

图 5.17　柱的三维显示　　　　　　　　　图 5.18　基础的属性定义

2. 绘制独立基础

（1）单击"独立基础→0"，然后在左侧的"属性定义栏"中对构件名称的选择，如图 5.18 所示。

（2）按照图纸，在轴网上点击独立基础，即可绘制好独立基础，如图 5.19 所示，三维图形如图 5.20 所示。

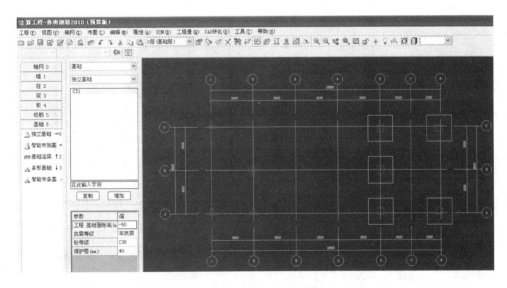

图 5.19　独立基础绘制

5.2.4　线性构件绘制

线构件的分类如图 5.21 所示。

5.2.4.1　绘制墙类构件

1. 剪力墙绘制

（1）单击左侧的构件布置栏中"连续布墙"，然后在左侧的"属性定义栏"中对构

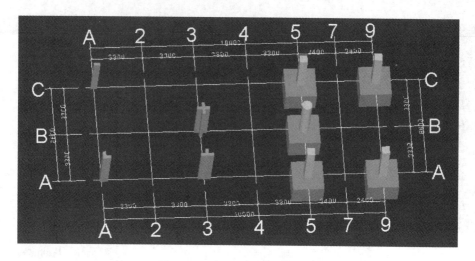

图 5.20　独立基础的三维显示

件名称进行选择，如图 5.22 所示。

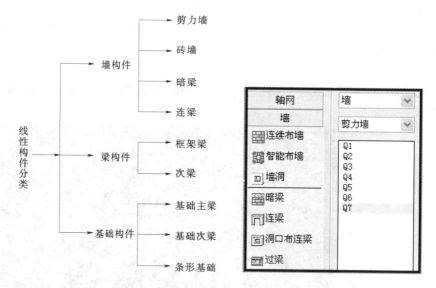

图 5.21　线构件的分类　　　　　　　　图 5.22　墙的属性定义

（2）鼠标在绘图区域内变成"十"字形，单击墙体的起止点完成一堵墙体的绘制，如图 5.23 所示，三维图形如图 5.24 所示。

2. 墙洞布置

单击左侧的构件布置栏中"墙洞"，鼠标在图形截面变成"十"字形，将鼠标移动至墙体上，单击即可完成墙洞的布置，如图 5.25 所示，钢筋三维图形如图 5.26 所示。

3. 暗梁布置

（1）单击左侧的构件布置栏中"暗梁"，鼠标在图形截面变成"口"字形，然后鼠

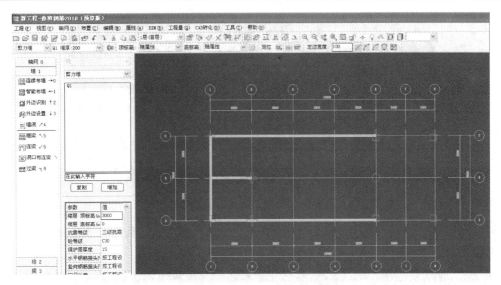

图 5.23　墙体的绘制

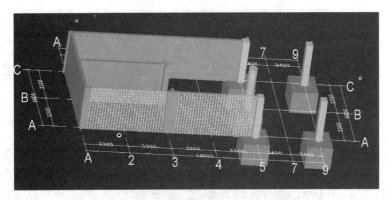

图 5.24　墙体的三维显示

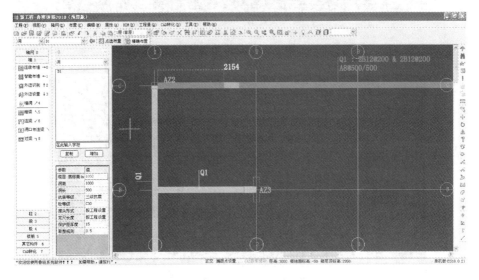

图 5.25　墙洞的布置

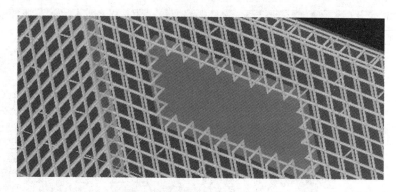

图 5.26　墙钢筋的三维显示

标移到已经布置好的剪力墙上单击，墙体将高亮显示，然后右击确定完成暗梁的布置，如图 5.27 所示，三维图形如图 5.28 所示。

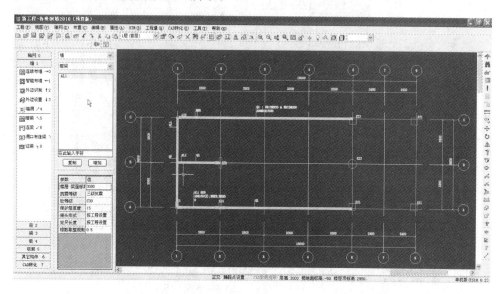

图 5.27　暗梁的布置

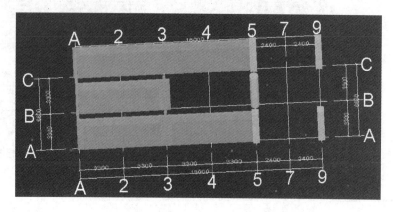

图 5.28　暗梁的三维显示

164

4. 连梁布置

单击左侧构件布置栏中"连梁"鼠标在图形截面变成"十"字形，然后分别单击连梁的起止点，完成连梁的布置，如图5.29所示，三维图形如图5.30所示。

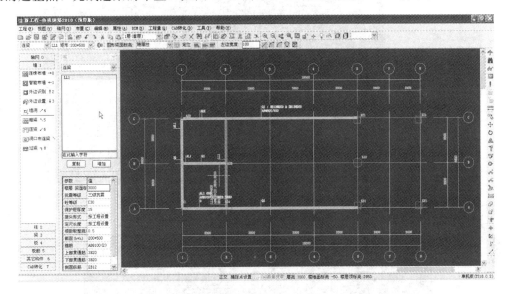

图5.29 连梁的布置

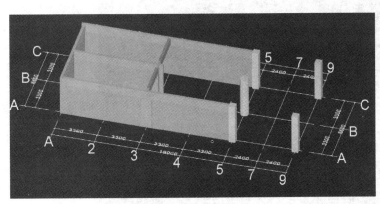

图5.30 连梁的三维显示

图5.31 梁构件的属性定义

5.2.4.2 绘制梁类构件

1. 梁构件的绘制

（1）单击左侧构件布置栏中"连续布梁"，然后在左侧的"属性定义栏"中对构件的类型和构件名称进行选择，如图5.31所示。

（2）鼠标在图形截面变成"十"字形，然后分别单击连梁的起止点，完成连梁的布置。如图5.32所示，三维图形如图5.33所示，钢筋节点三维图形如图5.34所示。

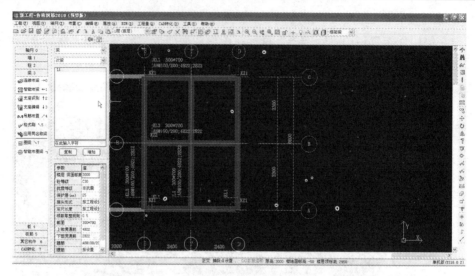

图 5.32　连梁的布置

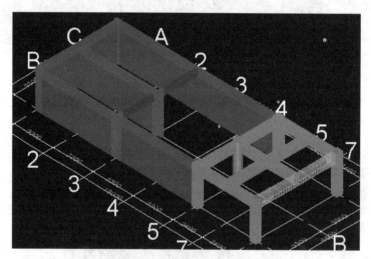

图 5.33　连梁的三维显示

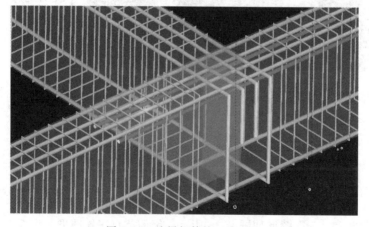

图 5.34　连梁钢筋的三维显示

2. 梁的平法标注

单击上侧工具栏中的 "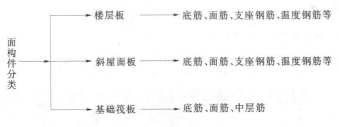"（平法标注），鼠标变成 "口" 字形，单击未识别的梁构件，即可完成梁的支座识别和对梁进行平法标注，如图 5.35 所示。

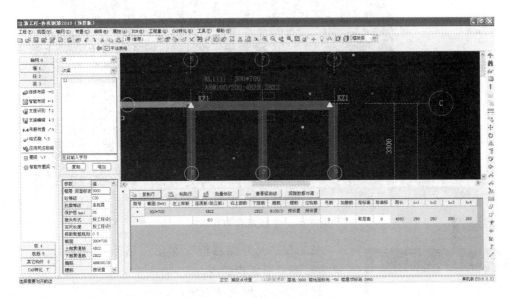

图 5.35　梁的平法标注

5.2.5　面构件绘制

面构件的分类如图 5.36 所示。

```
                    ┌─ 楼层板 ──── 底筋、面筋、支座钢筋、温度钢筋等
面构件             │
  分    ───────────┼─ 斜屋面板 ── 底筋、面筋、支座钢筋、温度钢筋等
  类                │
                    └─ 基础筏板 ── 底筋、面筋、中层筋
```

图 5.36　面构件的分类

5.2.5.1　楼层板绘制

1. 平屋面自动形成板

（1）单击左侧构件布置栏中 "快速成板"，软件自动弹出 "自动成板选项" 对话框，如图 5.37 所示。

（2）单击 "自动成板选项" 中的 "确定" 完成板的生成。

2. 多坡屋面形成

（1）单击左侧构件布置栏中 "形成轮廓线"，鼠标在绘图区域内变成 "口" 字形，然后框选需要形成坡屋面的区域，右击确认弹出 "向外偏移值" 对话框，如图 5.38 所示。

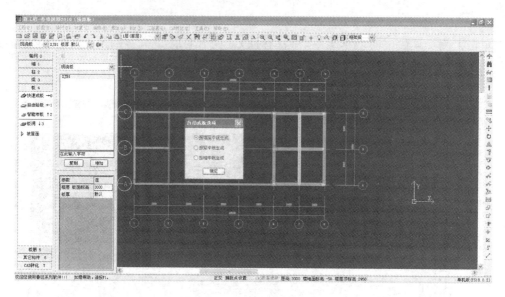

图 5.37　平屋面自动形成板

图 5.38　向外偏移形成轮廓

（2）在"向外偏移值"对话框输入相应的数值，单击"确定"即可形成轮廓线。

（3）单击左侧构件布置栏中"多坡屋面板"，鼠标在绘图区域变成"口"字形，然后左击选择已经形成的轮廓线，即可弹出"坡屋面板线设置"对话框，如图 5.39 所示。

（4）分别设置各边线的坡度或坡度角，设置完成后单击"确定"即可完成坡屋面，如图 5.40 所示，三维图形如图 5.41 所示。

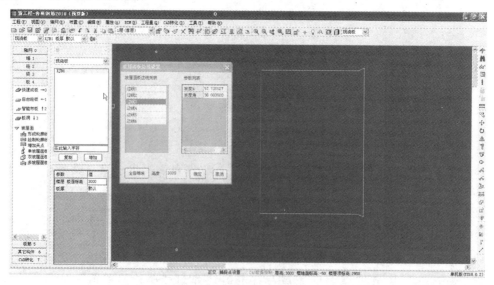

图 5.39　坡屋面板线设置

168

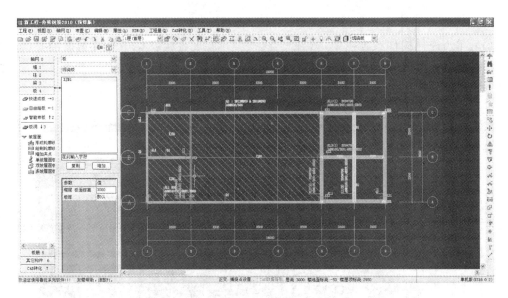

图 5.40 坡屋面形成

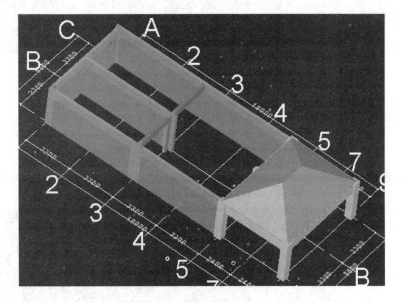

图 5.41 坡屋面三维显示

5.2.5.2 布置板筋

布置板筋的前提条件是布置好板，板筋分类如图 5.42 所示。

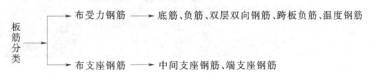

图 5.42 板筋分类

169

1. 布置受力钢筋

（1）单击左侧构件布置栏中 "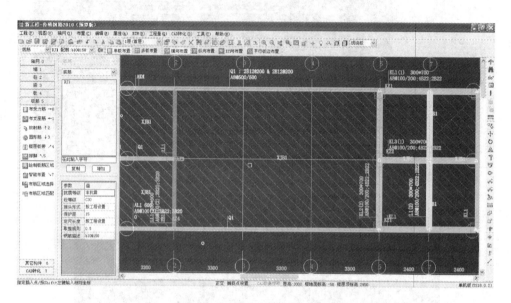布受力筋"，在属性定义栏中选择钢筋的类型，然后在活动布置栏中选择布置板筋的方向，鼠标移动到图形界面鼠标变成 "口" 字形，如图 5.43 所示。

图 5.43　板受力筋布置（1）

（2）鼠标选择板，单击即可完成受力钢筋的布置，如图 5.44 所示，三维图形如图 5.45 所示。

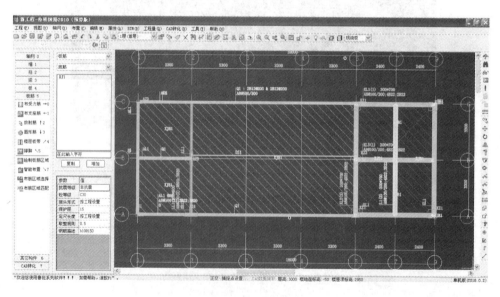

图 5.44　板受力筋布置（2）

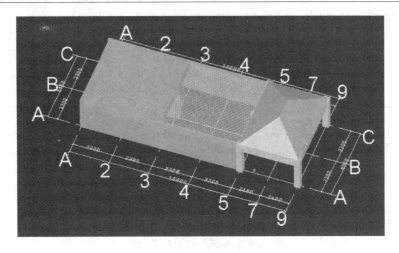

图 5.45　板受力筋三维显示

2. 布置支座钢筋

（1）单击左侧构件布置栏中"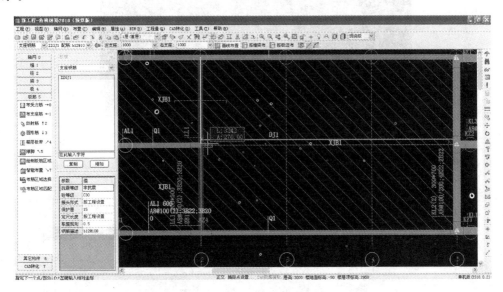布支座筋"，鼠标变成"十"字形，如图 5.46 所示。

图 5.46　板支座钢筋布置（1）

（2）单击选择布支座的起止点即可完成支座的布置，如图 5.47 所示，三维图形如图 5.48 所示。

5.2.6　计算钢筋用量

鼠标左键选择"▐"弹出选择对话框，如图 5.49 所示。

单击"计算"，软件即可自动计算，计算关闭后给出提示，如图 5.50 所示。

5.2.7　查看报表

单击选择进入报表系统，弹出进入报表确认对话框，如图 5.51 所示。

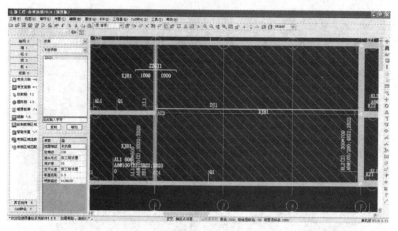

图 5.47　板支座钢筋布置 (2)

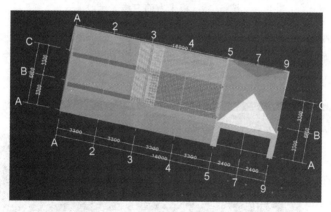

图 5.48　板支座钢筋三维显示

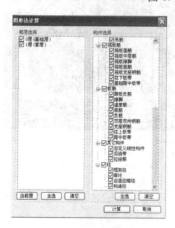

图 5.49　计算内容选择

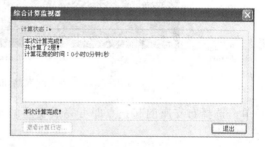

图 5.50　完成计算

图 5.51　查看报表

单击"确定"即可查看报表，如图 5.52 所示。

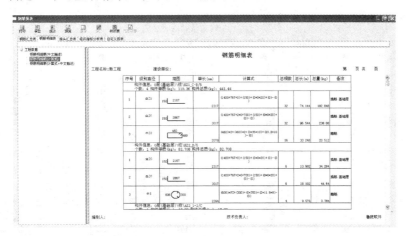

图 5.52 报表

【训练提高】

利用鲁班钢筋（预算版）软件完成如下工程钢筋量的计算：除了"计算规则"中"抗震等级"设置为 3 级外，其余选项按软件默认设置。工程图纸共计 5 张，基础平面图（图5.53）、节点详图（图 5.54）、柱平法施工图（图 5.55）、梁平法施工图（图 5.56）、板配筋图（图 5.57）。

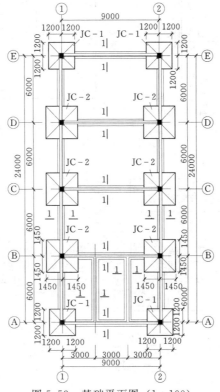

图 5.53 基础平面图（1:100）

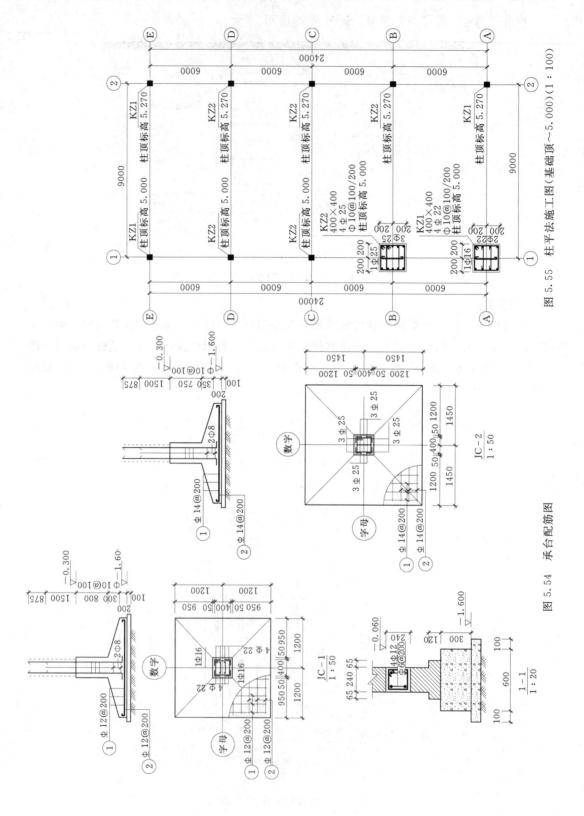

图 5.55　柱平法施工图（基础顶～5.000）（1：100）

图 5.54　承台配筋图

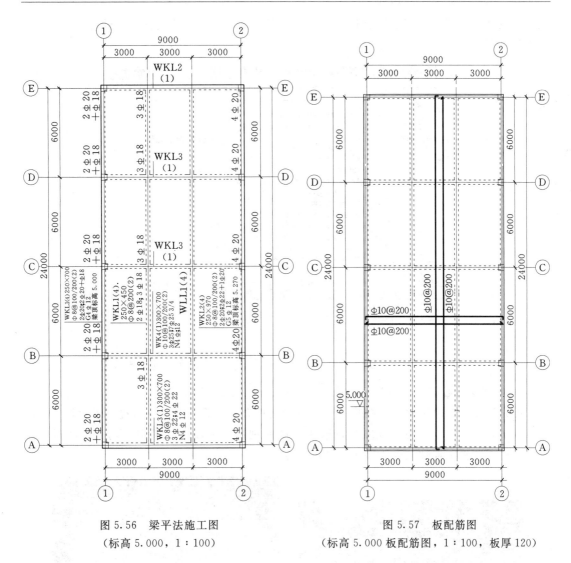

图 5.56　梁平法施工图
（标高 5.000，1∶100）

图 5.57　板配筋图
（标高 5.000 板配筋图，1∶100，板厚120）

【知识拓展】

鲁班钢筋（预算版）软件的特点

摘自鲁班公司网站（http://www.lubansoft.com）。

　　鲁班钢筋（预算版）软件基于国家规范和平法标准图集，采用 CAD 转化建模，绘图建模，辅以表格输入等多种方式，整体考虑构件之间的扣减关系，解决造价工程师在招投标、施工过程钢筋工程量控制和结算阶段钢筋工程量的计算问题。软件自动考虑构件之间的关联和扣减，用户只需要完成绘图即可实现钢筋量计算，内置计算规则并可修改，强大的钢筋三维显示，使得计算过程有据可依，便于查看和控制，报表种类齐全，能满足各方面的需求。其产品特点如下。

　　1. 内置钢筋规范，可降低用户的专业使用门槛

　　鲁班钢筋（预算版）软件内置了现行的钢筋相关的规范，对于不熟悉钢筋计算的预算

人员来说非常有用，可以通过软件更直观地学习规范，可以直接调整规范设置，以适应各类工程情况。

2. 具有强大的钢筋三维显示功能，可查询构件布置是否有误

可完整显示整个工程的三维模型，可查询构件布置是否出错。同时提供了钢筋实体的三维显示，为计算结果检验及复核带来极大的便利性，可以真实模拟现场钢筋的排布情况，减轻了造价工程师往返于施工现场的麻烦。

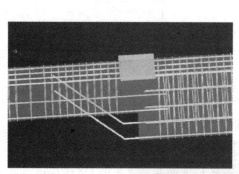
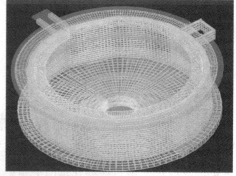
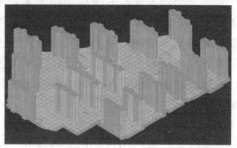

3. 可轻松应对特殊构件的计算，有效地提高了工作效率和减轻了工作量

只要建好钢筋算量模型，工程量计算速度可成倍甚至数倍提高。特殊节点（集水井，放坡等）手工计算非常繁琐，而且准确度不高。软件提供各种模块，计算特殊构件，只需要按图输入即可。

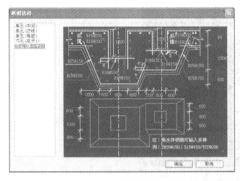
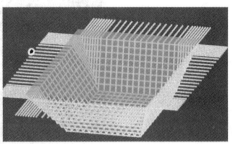

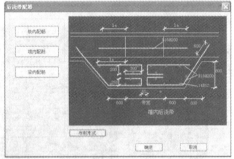

4. 成功地转化了 CAD，掀起了钢筋算量的一场革命

传统的钢筋算量方式：看图→标记→计算并草稿→统计→统计校对→出报表。

该软件的钢筋算量方式：导入图纸→CAD 转化→计算→出报表（用时仅为传统方式的 1/50）。

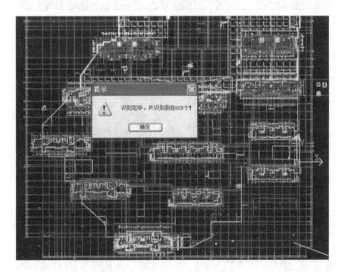

5. 超前的软件设计，完美地实现了 LBIM 数据共享

鲁班各系列软件之间的数据实现完全共享，在钢筋软件中可以直接调入土建算量的模型，给定钢筋参数后即可计算钢筋量。且各软件之间界面、操作模式、数据存储方式相同，学会了一个软件等于掌握了所有软件，提高了用户的竞争力。

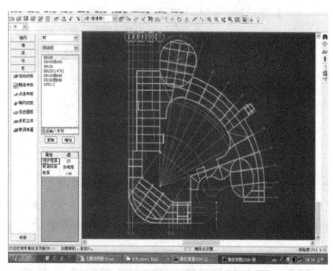

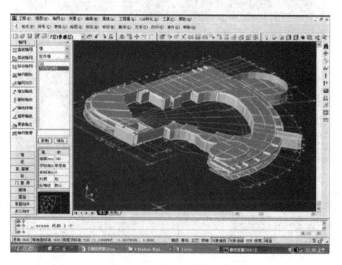

6. 钢筋工程量计算结果的多种分析统计方式，可应用于工程施工的全过程管理

软件的计算结果以数据库方式保存，可以方便地以各种方式对计算结果进行统计分析，如按层、按钢筋级别、按构件、按钢筋直径范围进行统计分析。将成果应用于成本分析、材料管理和施工管理日常工作中。

7. 核对计算结果，方便而简捷

利用三维显示，可以轻松检查模型的正确性和计算结果正确性。另外建设方、承包方、审价顾问之间核对工程量，只需要核对模型是否有不同之处即可。

8. 强大的报表功能，能满足各种不同的需求

大型工程手工计算钢筋工程量，计算书长达数百页乃至上千页，如果其中有错或设计变更，修改计算书非常麻烦，核对时，手写字体识别困难。利用软件，全部结果计算机打印，漂亮清晰，若某些数据修改只要在算量模型修改几个数据，就可方便地得到新的计算结果，打印出新的计算书。

请进入相应公司网站了解其他常用钢筋工程量计算软件：神机妙算（http：//www.sjms.com.cn）、广联达（http：//www.glodon.com）。

项目6 完整实际工程示例

【学习目标】

知识目标：

（1）了解平法施工图的传统施工图的特点。

（2）掌握梁平法施工图的识读与梁钢筋工程量的计算。

（3）掌握柱平法施工图的识读与柱钢筋工程量的计算。

（4）掌握剪力墙平法施工图的识读与剪力墙钢筋工程量的计算。

能力目标：

（1）具备识读梁平法施工图的能力，并能够计算梁钢筋工程量。

（2）具备识读柱平法施工图的能力，并能够计算柱钢筋工程量。

（3）具备识读剪力墙平法施工图的能力，并能够计算剪力墙钢筋工程量。

（4）能够根据所学的梁、柱、剪力墙平法施工图的知识和钢筋计算的基本原理，依据图集识读基础、板、楼梯等各种混凝土结构的平法施工图，并能够计算其钢筋工程量。

素质目标：

（1）能够耐心细致地完成钢筋工程量的计算任务。

（2）能够具备一定的自学能力，读懂清单计价规范和图集，并根据相关规范与图集完成工作任务。

（3）能够具备一定的团队合作精神，可以和同事协作完成任务。

施工图是工程师的"语言"，房屋的结构施工图是根据房屋建筑中的承重构件进行结构设计后画出的图样，是设计者设计意图的体现，是施工的依据，主要用于放灰线、挖基槽、基础施工、支承模板、配钢筋、浇筑混凝土等施工过程，也是计算工程量、编制预算和施工进度计划的依据。结构施工图在整个设计中占有举足轻重的作用，应掌握各种结构构件工程图表的表达方法。对结构施工图的基本要求是：图面清楚整洁、标注齐全、构造合理、符合国家制图标准及行业规范，能很好地表达设计意图。结构施工图必须与建筑施工图密切配合，它们之间不能产生矛盾。

结构施工图平面整体设计方法（以下简称"平法"）把结构构件的截面型式、尺寸及所配钢筋规格在构件的平面位置用数字和符号直接表示，再与相应的"结构设计总说明"和梁、柱、墙等构件的"构造通用图及说明"配合使用。平法的优点是图面简洁、清楚、直观性强，图纸数量少。

任务6.1 工 程 概 况

1. 工程概况

本工程主楼上部结构类型为框架结构。建筑结构的安全等级为二级，结构设计使用年限为 50 年。建筑抗震设防类别为丙类建筑，抗震设防烈度为Ⅵ度，设计地震分组为第一组，抗震等级为四级。

2. 结构材料

本工程采用的混凝土强度等级分别为：楼（屋）面梁、板 C25，框架柱 C25。钢筋级别（除图中另有注明者外）：A 为 HPB235 普通热轧钢筋，B 为 HRB335 普通热轧钢筋，C 为 HRB400 普通热轧钢筋，ϕ^R 为冷轧带肋钢筋（CRB550 级）。

任务 6.2　平法标准构造详图的相关说明

本工程实例梁、柱、板配筋表示方法及构造按国标图集《混凝土结构施工图平面整体表示方法制图规则和构造详图（现浇混凝土框架、剪力墙、框架—剪力墙、框支剪力墙结构）》（03G101—1）（2004 修订版）执行，有关内容及页号见表 6.1 所示。

表 6.1　　　　　　　　　　　本工程内容与图集对应的页码

内　容	03G101—1 页号	内　容	03G101—1 页号
柱、剪力墙平法施工图制图规则	7～21	KZZ、KZL 配筋构造	67
梁平法施工图制图规则	22～32	梁中间支座下部钢筋构造	35
抗震 KZ 纵向钢筋构造	36～40	KL、WKL 箍筋、附加钢筋吊筋及梁侧面钢筋构造	63
剪力墙身水平和竖向钢筋构造	47～48		
结束及构造边缘构件构造	49～50	L 配筋构造	65
剪力墙 LL、AL 构造	51	L 中间支座纵向钢筋构造，XL 及各类梁的悬挑端配筋构造	66
剪力墙洞口补强构造（穿墙洞口每侧补强筋 2⌀14）	53		
KL、WKL 纵筋构造	54～55	梁、柱、剪力墙箍筋和拉筋弯钩构造	35
KL、WKL 中间支座纵向钢筋构造	61		

实际上，各个设计院在具体工程中可能会对平法应用做部分的修改或说明，本工程案例对平法的相关变更及说明如下。

（1）变更及补充说明 1。所变更标准表示法所在 03G101—1 页号：第 24 页 4.2.3—五条。当梁腹板高度 $h_w \geqslant 450$ 时，除图中注明外，均按表 6.2 配置纵向构造钢筋（G××），沿梁侧 h_w 范围内均匀布置（括号内数值用于梁边无楼板时）。

表 6.2　　　　　　　　　　　纵向构造钢筋配置

梁高 h ＼ 梁宽 b	200	250	300	350	400	450	500
550（450）	2⌀12	2⌀12	2⌀14	2⌀14	2⌀16		
550（450）＜h≤750（650）	4⌀10	4⌀12	4⌀12	4⌀14	4⌀14	4⌀14	4⌀16
750（650）＜h≤950（850）		6⌀10	6⌀12	6⌀12	6⌀14	6⌀14	6⌀14
950（850）＜h≤1150（1050）		8⌀12	8⌀12	8⌀12	8⌀12	8⌀12	8⌀14
1150（1050）＜h≤1350（1250）			10⌀12	10⌀12	10⌀12	10⌀14	10⌀14

（2）变更及补充说明2。所变更标准表示法所在03G101—1页号：第26页图4.2.4b附加箍筋和吊筋的画法示例。主次梁相交处一律在次梁两侧各设四道密箍@50，其直径及肢数同主梁箍筋；当设计需要另设附加吊筋时，由原位引出吊筋编号，其直径及数量见附加吊筋一览表（表6.3）。

表6.3　附加吊筋一览表

吊筋号	吊筋数量及直径
①	2 Φ 12
②	2 Φ 14
③	2 Φ 16
④	2 Φ 18
⑤	2 Φ 20
⑥	2 Φ 22
⑦	2 Φ 25

（3）变更及补充说明3。所变更标准构造所在03G101—1页号：第23页、第24页4.2.3—三条。当梁箍筋肢数为2肢时，箍筋肢数"（2）"省略不注。

（4）变更及补充说明4。所变更标准表示法所在03G101—1页号：第24页4.2.3—四条。梁上部架立筋配置除注明外均采用2C12，图中不再填写。

（5）变更及补充说明5。所变更标准表示法所在03G101—1页号：第29页4.4.4条。第66页大样A、B。非独立悬挑梁的上部纵筋，其在第一内跨切断点的位置距支座边缘的距离应同时满足不小于$L_n/3$及第一排筋1.5倍、第二排筋1.0倍悬挑梁的净悬挑长度（L_n为第一内跨的净跨长度）。

（6）变更及补充说明6。所变更标准表示法所在03G101—1页号：第66页纯悬挑梁XL大样。屋面纯悬挑梁纵筋伸入支座的水平段长度应不小于$0.4L_a$，并向下弯折，弯折段长度不小于$1.7L_a$。

（7）单向板底筋的分布筋及单向板，双向板支座筋的分布筋，除图中注明者外，按表6.4执行。

表6.4　　　　　　单向板底筋的分布筋及单向板，双向板支座筋的分布筋

楼板厚度（mm）	100	110～120	130～150	160～200
分布钢筋	Φ6@175	Φ6@150	Φ6@125	Φ8@150

任务6.3　平法施工图的具体内容

对于框架结构的结构施工图，一般每层绘三张图，分别为××层模板平面图（绘梁、柱定位、截面及留洞口等）、××层板配筋图和××层梁平面配筋图，梁的截面及配筋按平法绘制，柱配筋一般单独绘制。在平法施工图中，应在图纸上注明包括地下和地上各层的结构层楼（地）面标高、结构层标高及相应的结构层号，并在图中用粗线表示出该平法施工图要表达的柱或墙、梁。结构层楼面标高是指将建筑图中的各层地面和楼面标高值扣除建筑面层及垫层厚度后的标高，结构层号应与建筑楼层号对应一致。

6.3.1　柱平法施工图

1. 柱平法施工图概述

柱平法施工图有列表注写和截面注写两种方式。柱在不同标准层截面多次变化时，可用列表注写方式，否则宜用截面注写方式，本工程采用列表注写方式。

列表注写方式：在柱平面布置图上，分别在同一编号的柱中选择一个或几个截面标注

几何参数代号（反映截面对轴线的偏心情况），用简明的柱表注写柱号、柱段起止标高、几何尺寸（含截面对轴线的偏心情况）与配筋数值，并配以各种柱截面形状及箍筋类型图，如图 6.1 所示，表 6.5 中自柱根部（基础顶面标高）往上以变截面位置或配筋改变处为界分段注写。如柱的分段截面尺寸和配筋均相同，仅分段截面与轴线的关系不同时，可将其编为同柱号，但此时应在未画配筋的柱截面上注写该截面与轴线关系的具体尺寸。必要时，可在一个柱平面布置图上用小括号（ ）和尖括号＜ ＞区分和表达各不同标准层的注写数值。

具体注写方法详见前面相关章节内容。

2. 柱平法施工图

本工程建筑比较对称，即①～⑦轴和⑪～⑰轴关于⑨轴对称。图 6.1 所示柱网平面布置图中，结构外轮廓深色部分为挡土墙结构（本工程含一层地下室）。

柱平法举例：

（1）KZ1 为异型（L 型）框架柱。基础顶到屋面截面尺寸均为 500×500，单位均为 mm。全部纵筋为 8⏀18，钢筋，摆放位置及箍筋详见图 6.2 中箍筋类型 2。

（2）KZ2 为普通方形框架柱。基础顶到屋面截面尺寸均为 300×300，基础顶到 6.000，角筋为 4⏀16，b、h 一侧中部纵筋 1⏀14，钢筋摆放位置及箍筋详见图 6.2 中箍筋类型 1。

（3）KZ3 为变截面框架柱。截面尺寸为 300×400（300×300），即表示柱变截面，基础顶到＋0.000 这段柱截面为 300×400，＋0.000 到屋面为 300×300。

（4）KZ8 为异形（T 形）框架柱，基础顶到屋面截面尺寸均为 500×500。全部纵筋为 10⏀18，钢筋摆放位置及箍筋详见图 6.2 中箍筋类型 3。

其余未说明框架柱详柱表，读者可作一一对照。

注意，异形柱在标高－3.100m 以下按同等尺寸矩形柱施工（具体参数见柱表），钢筋摆放位置及箍筋详见图 6.2 中箍筋类型 4 和 5。

6.3.2 梁平法施工图

1. 梁平法施工图概述

梁平法施工图同样有截面注写和平面注写两种方式。平面注写方式，是在梁平面布置图上，对不同编号的梁各选一根并在其上注写截面尺寸和配筋数值。平面注写包括集中标注与原位标注。集中标注的梁编号及截面尺寸、配筋等代表许多跨，原位标注的要素仅代表本跨。注意，施工时，原位标注取值优先。

具体表示方法详见前面相关章节。

梁平面布置图应分标准层按适当比例绘制，其中包括全部梁和与其相关的柱、墙、板。对于轴线未居中的梁，应标注其定位尺寸（贴柱边的梁除外）。同样，在梁平法施工图中，应采用表格或其他方式注明各结构层的顶面标高及相应的结构层号。

2. 梁平法施工图

图 6.3 所示为一层平面结构布置及板配筋图。图 6.4 所示为采用平面注写方式表达的梁平法施工图示例。在梁配筋图中可以看到梁的分布，梁一般都是依轴线来布置的。在每一根梁处都有标注梁的代号。按梁的不同代号从 1 找到最后的或者说最大的编号（一般梁

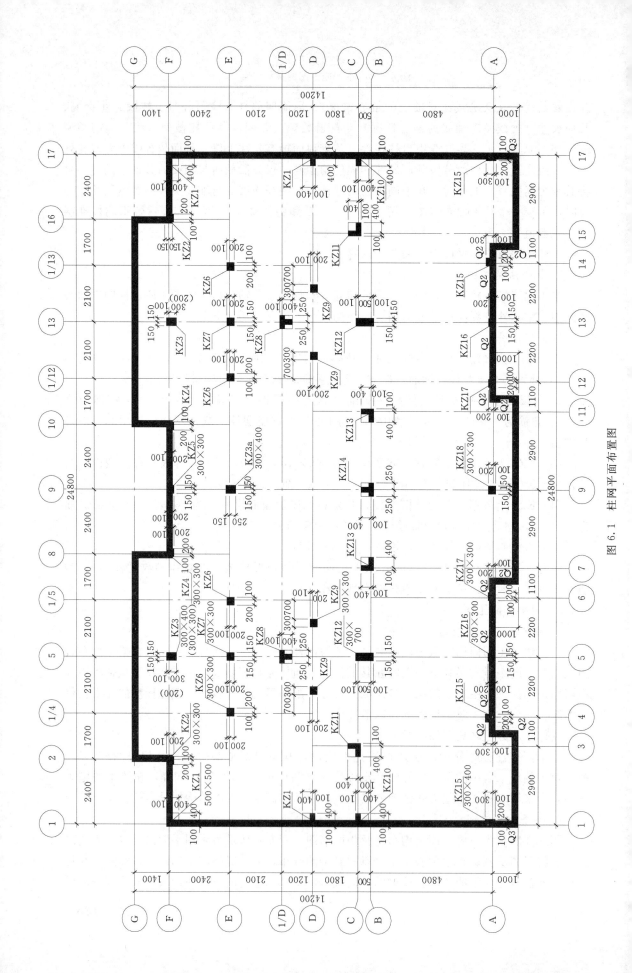

图 6.1 柱网平面布置图

表 6.5

柱 表

柱号	标高(m)	$b×h$(圆柱直径D)(mm×mm)	全部纵筋	角筋	b边一侧中部筋	h边一侧中部筋	箍筋类型号	箍筋	备注(mm)
KZ1	基础顶~-3.100	500×500	8Φ18				2	Φ8@100	
	-3.100~±0.000	500×500	8Φ18				2	Φ8@100	$b_1=200$ $h_1=200$
	±0.000~9.000	500×500	8Φ18				2	Φ8@100/200	
	9.000~坡屋面顶	500×500	8Φ18				2	Φ8@100	
KZ2	基础顶~3.100	300×300		4Φ16	1Φ14	1Φ14	1(3×3)	Φ8@100	
	-3.100~±0.000	300×300		4Φ16	1Φ14	1Φ14	1(3×3)	Φ8@100	
	±0.000~6.000	300×300		4Φ16	1Φ14	1Φ14	1(3×3)	Φ8@100/200	
	6.000~9.000	300×300		4Φ16	1Φ14	1Φ14	1(3×3)	Φ8@100/200	
	9.000~坡屋面顶	300×300		4Φ16	1Φ16	1Φ16	1(3×3)	Φ8@100	
KZ3	基础顶~3.100	300×400		4Φ16	1Φ16	1Φ14	1(3×3)	Φ8@100	
	-3.100~±0.000	300×400		4Φ16	1Φ16	1Φ14	1(3×3)	Φ8@100/200	
	±0.000~3.000	300×300		4Φ16	1Φ16	1Φ14	1(3×3)	Φ8@100/200	
	3.000~6.000	300×300		4Φ18	1Φ16	1Φ16	1(3×3)	Φ8@100	
	6.000~9.000	300×300		4Φ16	1Φ16	1Φ16	1(3×3)	Φ8@100/200	
	9.000~坡屋面顶	300×300		4Φ16	1Φ16	1Φ16	1(3×3)	Φ8@100	
KZ3a	基础顶~3.100	300×400		4Φ16	1Φ14	1Φ14	1(3×3)	Φ8@100	
	-3.100~±0.000	300×400		4Φ16	1Φ14	1Φ14	1(3×3)	Φ8@100/200	
	±0.000~9.000	300×400		4Φ16	1Φ14	1Φ14	1(3×3)	Φ8@100/200	
	9.000~坡屋面顶	300×400		4Φ16	1Φ14	1Φ14	1(3×3)	Φ8@100	
KZ4	基础顶~3.100	300×300		4Φ16	1Φ14	1Φ14	1(3×3)	Φ8@100	
	-3.100~±0.000	300×300		4Φ16	1Φ14	1Φ14	1(3×3)	Φ8@100	
	±0.000~3.000	300×300		4Φ16	1Φ14	1Φ14	1(3×3)	Φ8@100/200	
	3.000~6.000	300×300		4Φ18	1Φ14	1Φ14	1(3×3)	Φ8@100	
KZ5	基础顶~3.100	300×300		4Φ16	1Φ14	1Φ14	1(3×3)	Φ8@100	
	-3.100~±0.000	300×300		4Φ16	1Φ14	1Φ14	1(3×3)	Φ8@100	
	±0.000~6.000	300×300		4Φ16	1Φ14	1Φ14	1(3×3)	Φ8@100/200	
	6.000~9.000	300×300		4Φ16	1Φ16	1Φ16	1(3×3)	Φ8@100/200	
	9.000~坡屋面顶	300×300		4Φ16	1Φ16	1Φ16	1(3×3)	Φ8@100	
KZ6	基础顶~3.100	300×300		4Φ16	1Φ14	1Φ14	1(3×3)	Φ8@100	
	-3.100~±0.000	300×300		4Φ16	1Φ14	1Φ14	1(3×3)	Φ8@100/200	
	±0.000~9.000	300×300		4Φ16	1Φ14	1Φ14	1(3×3)	Φ8@100/200	
	9.000~坡屋面顶	300×300		4Φ16	1Φ14	1Φ14	1(3×3)	Φ8@100	
KZ7	基础顶~3.100	300×300		4Φ16	1Φ14	1Φ14	1(3×3)	Φ8@100	
	-3.100~±0.000	300×300		4Φ16	1Φ14	1Φ14	1(3×3)	Φ8@100/200	
	±0.000~9.000	300×300		4Φ16	1Φ14	1Φ14	1(3×3)	Φ8@100/200	
	9.000~坡屋面顶	300×300		4Φ16	1Φ14	1Φ14	1(3×3)	Φ8@100	
KZ8	基础顶~3.100	500×500	10Φ18				3	Φ8@100	
	-3.100~±0.000	500×500	10Φ18				3	Φ8@100	
	±0.000~6.000	500×500	10Φ18				3	Φ8@100	$b_1=200$ $h_1=200$
	6.000~9.000	500×500	10Φ18				3	Φ8@100/200	
	9.000~坡屋面顶	500×500	10Φ18				3	Φ8@100	

柱号	标高(m)	$b×h$(圆柱直径D)(mm×mm)	全部纵筋	角筋	b边一侧中部筋	h边一侧中部筋	箍筋类型号	箍筋	备注(mm)
KZ9	基础顶~-3.100	300×300		4Φ16	1Φ14	1Φ14	1(3×3)	Φ8@100	
	-3.100~±0.000	300×300		4Φ16	1Φ14	1Φ14	1(3×3)	Φ8@100/200	
KZ10	基础顶~3.100	500×500	8Φ18				2	Φ8@100	
	-3.100~±0.000	500×500	8Φ18				2	Φ8@100	$b_1=200$ $h_1=200$
	±0.000~3.000	500×500	8Φ18				2	Φ8@100	
	3.000~9.000	500×500	8Φ18				2	Φ8@100/200	
KZ11	基础顶~3.100	500×500	8Φ18				2	Φ8@100	
	-3.100~±0.000	500×500	8Φ18				2	Φ8@100/200	$b_1=200$ $h_1=200$
	±0.000~9.000	500×500	8Φ18				2	Φ8@100/200	
	9.000~坡屋面顶	500×500	8Φ18				2	Φ8@100	
KZ12	基础顶~3.100	300×700		4Φ18	1Φ18	3Φ14	1(3×5)	Φ8@100	
	-3.100~±0.000	300×700		4Φ18	1Φ18	3Φ14	1(3×5)	Φ8@100	
	±0.000~6.000	300×700		4Φ18	1Φ18	3Φ14	1(3×5)	Φ8@100	$b_1=200$ $h_1=200$
	6.000~9.000	300×700		4Φ18	1Φ18	3Φ16	1(3×5)	Φ8@100	
	9.000~坡屋面顶	300×700		4Φ18	1Φ18	3Φ16	1(3×5)	Φ8@100	
KZ13	基础顶~3.100	500×500	8Φ18				2	Φ8@100	
	-3.100~±0.000	500×500	8Φ18				2	Φ8@100/200	
	±0.000~9.000	500×500	8Φ18				2	Φ8@100/200	
	9.000~坡屋面顶	500×500	8Φ18				2	Φ8@100	
KZ14	基础顶~3.100	500×500	10Φ18				3	Φ8@100	
	-3.100~±0.000	500×500	10Φ18				3	Φ8@100/200	$b_1=200$ $h_1=200$
	±0.000~9.000	500×500	10Φ18				3	Φ8@100/200	
	9.000~坡屋面顶	500×500	10Φ18				3	Φ8@100	
KZ15	基础顶~3.100	300×400		4Φ16	1Φ16	1Φ14	1(3×3)	Φ8@100	
	-3.100~-0.600	300×400		4Φ16	1Φ16	1Φ14	1(3×3)	Φ8@100	
	-0.600~3.590	300×400		4Φ18	1Φ16	1Φ16	1(3×3)	Φ8@100	
KZ16	基础顶~3.100	300×300		4Φ16	1Φ14	1Φ14	1(3×3)	Φ8@100	
	-3.100~-0.600	300×300		4Φ16	1Φ14	1Φ14	1(3×3)	Φ8@100	
	-0.600~3.590	300×300		4Φ16	1Φ14	1Φ14	1(3×3)	Φ8@100/200	
KZ17	基础顶~3.100	300×300		4Φ16	1Φ14	1Φ14	1(3×3)	Φ8@100	
	-3.100~-0.600	300×300		4Φ16	1Φ14	1Φ14	1(3×3)	Φ8@100	
	-0.600~6.000	300×300		4Φ16	1Φ14	1Φ14	1(3×3)	Φ8@100/200	
KZ18	基础顶~3.100	300×300		4Φ16	1Φ14	1Φ14	1(3×3)	Φ8@100	
	-3.100~-0.600	300×300		4Φ16	1Φ14	1Φ14	1(3×3)	Φ8@100/200	
	-0.600~6.000	300×300		4Φ18	1Φ14	1Φ14	1(3×3)	Φ8@100/200	
LZ1	3.000~6.000	500×500	8Φ18				2	Φ8@100/200	$b_1=200$ $h_1=200$
	6.000~9.000	500×500	8Φ18				2	Φ8@100/200	
LZ2	9.000~坡屋面顶	500×500	8Φ18				2	Φ8@100/200	$b_1=200$ $h_1=200$

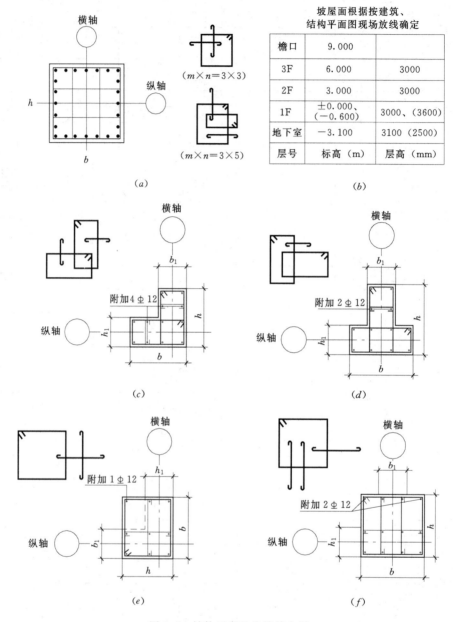

坡屋面根据按建筑、
结构平面图现场放线确定

层号	标高（m）	层高（mm）
檐口	9.000	
3F	6.000	3000
2F	3.000	3000
1F	±0.000、（−0.600）	3000、（3600）
地下室	−3.100	3100（2500）

（a）

（b）

（c）

（d）

（e）

（f）

图 6.2　结构层高及柱箍筋大样

（a）箍筋类型 1；（b）结构层楼面标高，结构层高；（c）箍筋类型 2；（d）箍筋类型 3；

（e）箍筋类型 4；（f）箍筋类型 5

注：1. 箍筋肢数 $m \times n$，其中 m 为柱截面 b 向的箍筋肢数，n 为柱截面 h 向的箍筋肢数。

　　2. 要求外箍为完整的矩形箍，内箍为拉筋或小封闭箍。

的编号习惯从左到右，从下到依次标注）。每一个梁的代号都能找到相同的标注的一根梁
其配有详细的配筋、梁断面尺寸标注，有的还有跨数和悬挑的标注。通过把所有的代号的
梁找出来，基本上就能看明白梁配筋图。

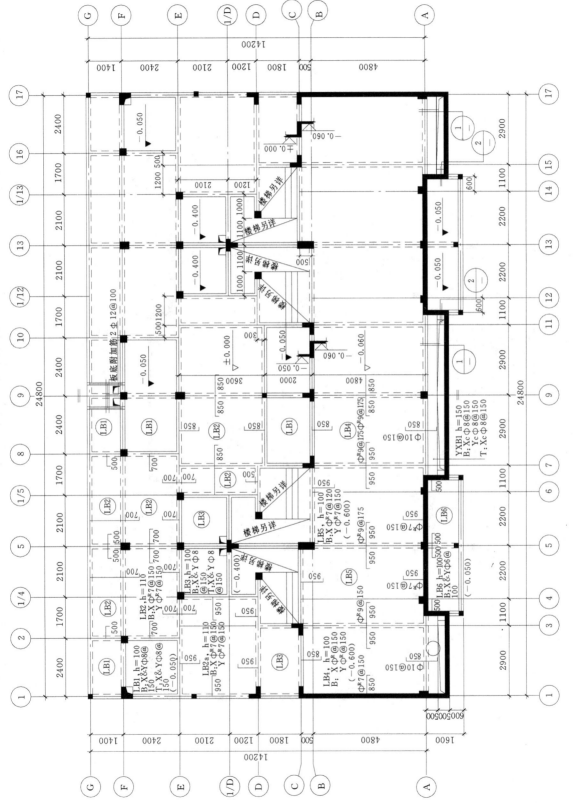

图 6.3 一层平面结构布置及板配筋图

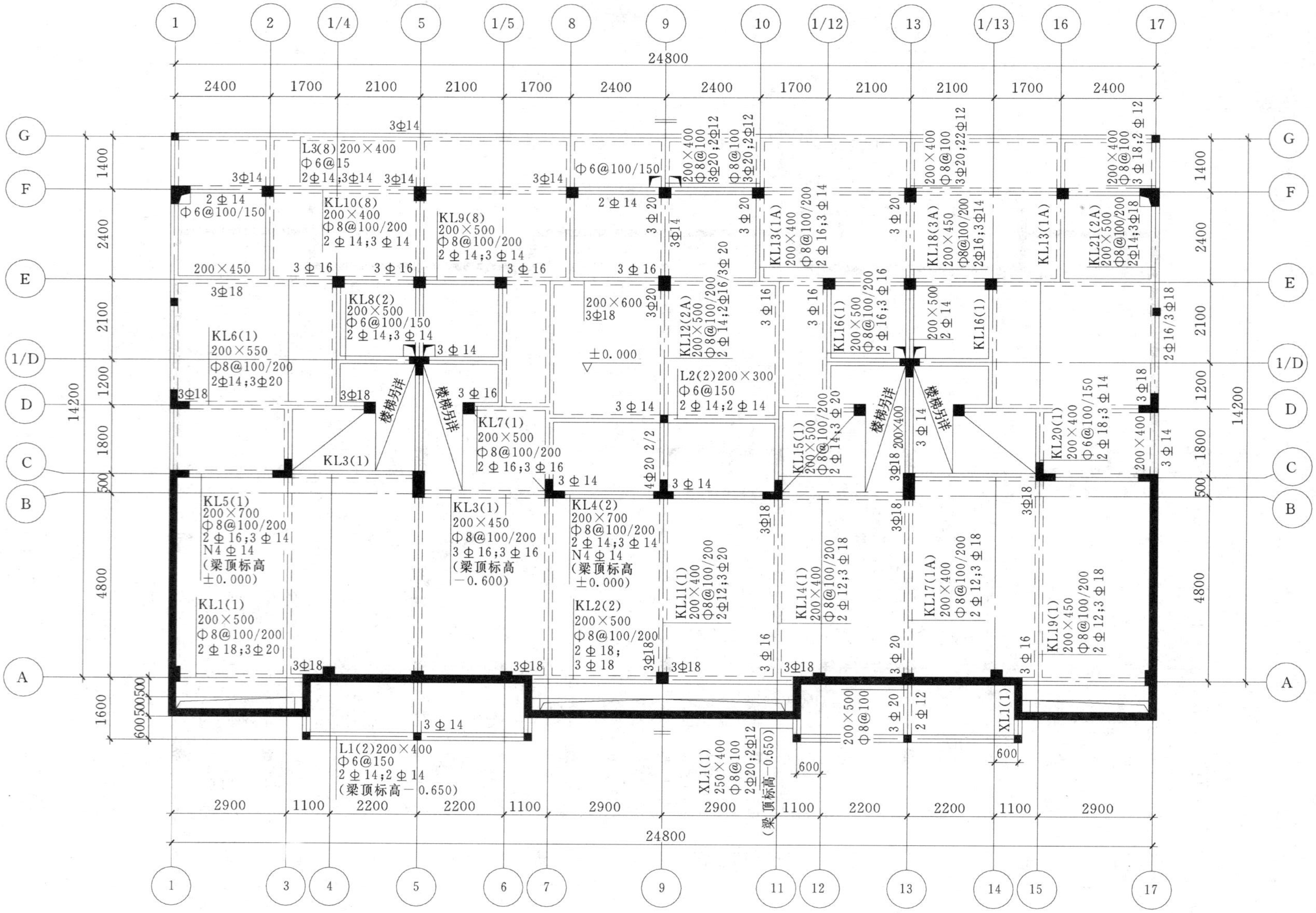

图 6.4 一层平面梁配筋图

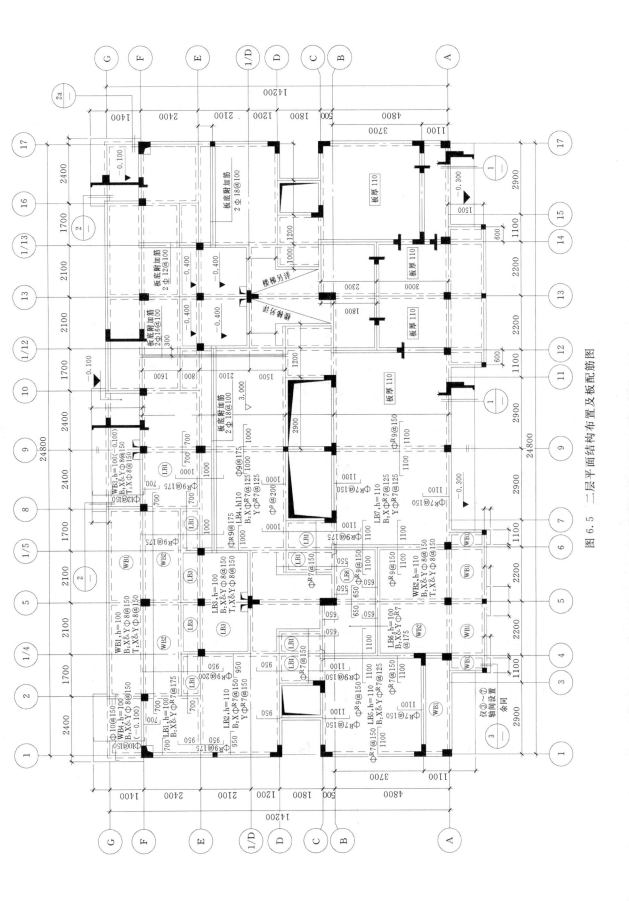

图 6.5　二层平面结构布置及板配筋图

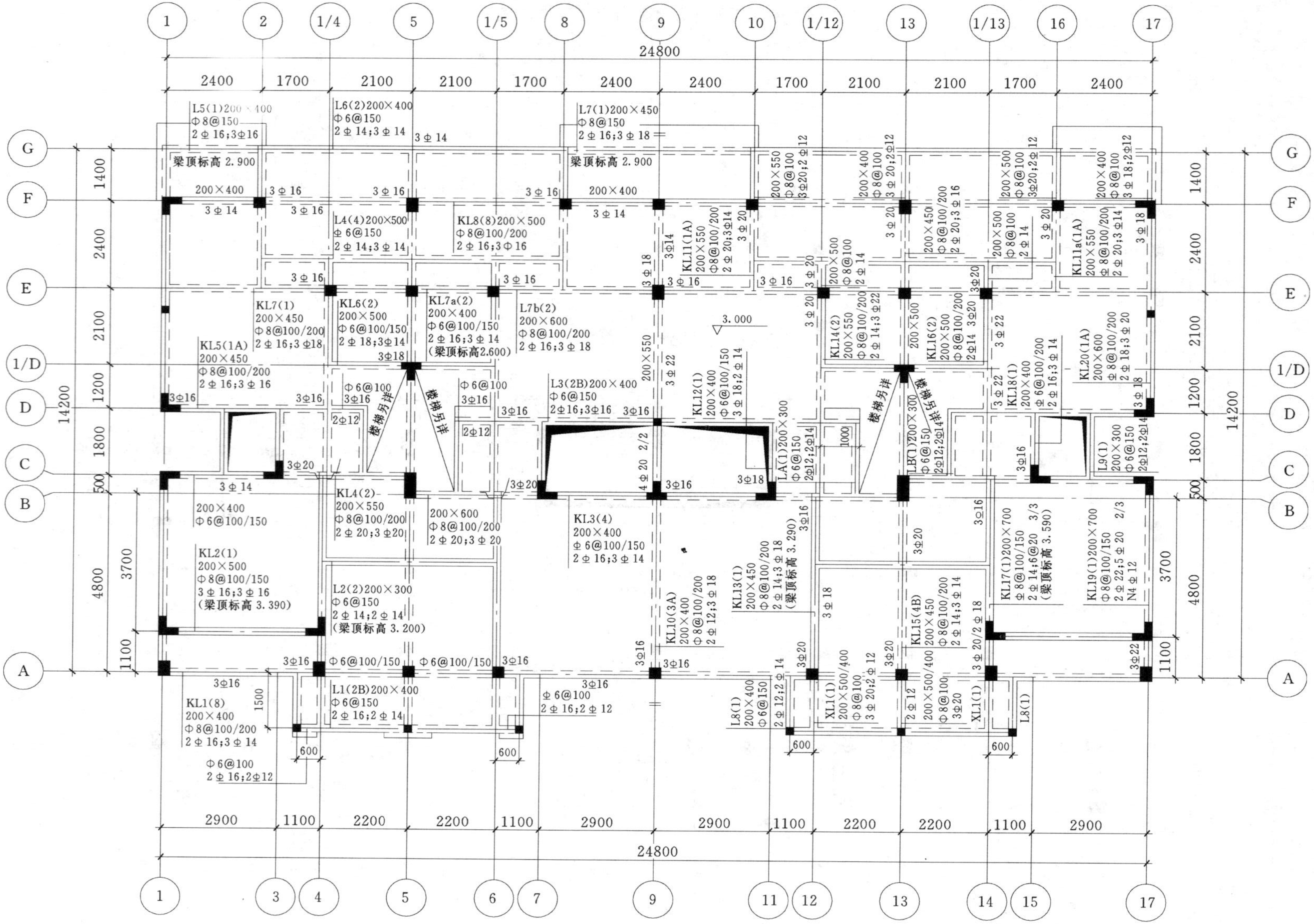

图 6.6 二层平面梁配筋图

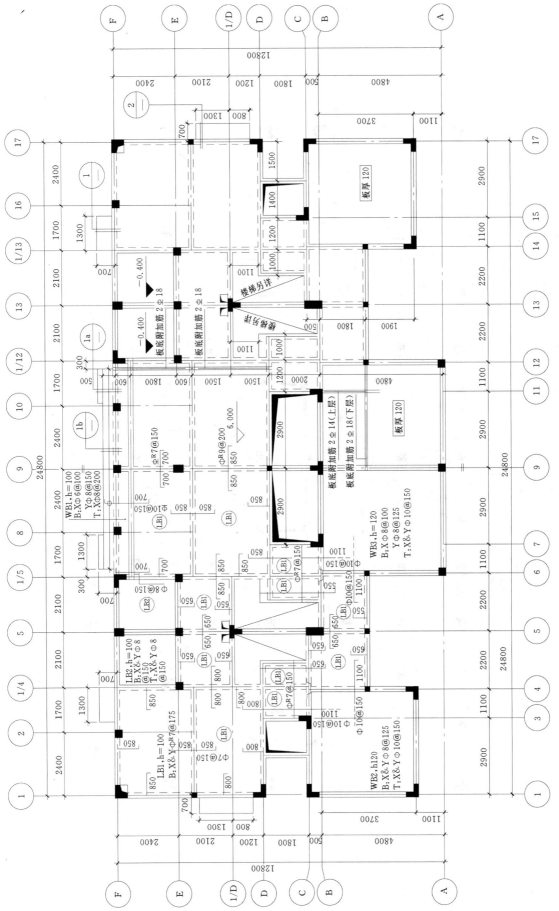

图 6.7 三层平面结构布置及板配筋图

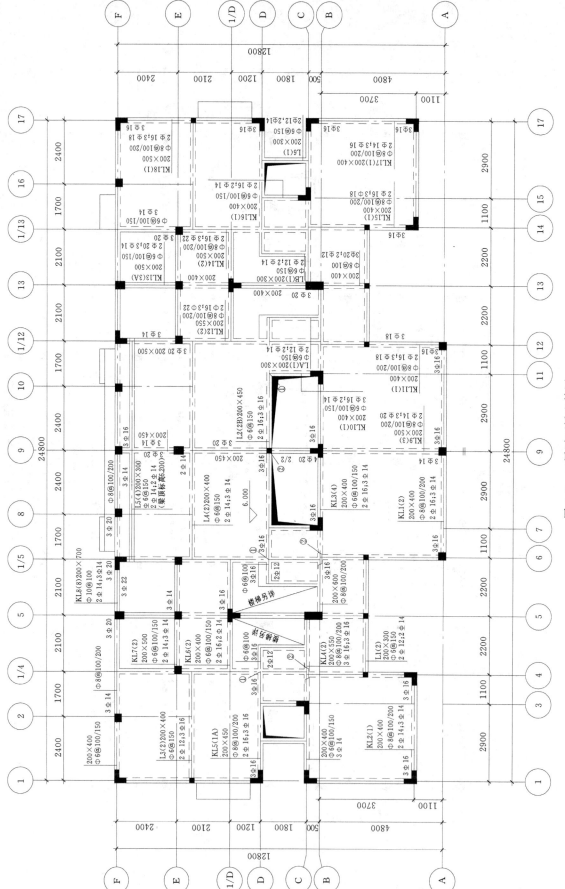

图 6.8 三层平面梁配筋图

梁平法举例：

KL5（1），跨度为一跨，截面尺寸 200×700，箍筋为Φ8@100/200（加密区间距100，非加密区间距200），梁的上部配置 2Φ14 的通长筋，梁的下部配置 3Φ14 的通长筋，梁的侧面共配置 4Φ14 的受扭纵向钢筋，每侧各配置 2Φ14，梁顶标高+0.000。

KL9（8），跨度为八跨（因平面对称，图 6.4 中仅示意一半），集中标注的截面尺寸200×500，其中第一跨和第八跨原位标注截面尺寸 200×450，箍筋为Φ8@100/200（加密区间距100，非加密区间距200），梁的上部配置 2Φ14 的通长筋，梁的下部配置 3Φ14 的通长筋，支座钢筋配置为 3Φ16。

L3（8），跨度为八跨，截面尺寸 200×400，箍筋为Φ6@150，梁的上部配置 2B14 的通长筋，梁的下部配置 3Φ14 的通长筋，支座钢筋配置为 3Φ14。

悬挑梁 XL（1），跨度为一跨，截面尺寸 250×400，箍筋为Φ8@100，梁的上部配置 2Φ20 的通长筋，梁的下部配置 2Φ12 的通长筋，梁顶标高－0.650。

KL12（2A），跨度为两跨，一边悬挑，集中标注的截面尺寸 200×550，箍筋为Φ8@100/200，梁的上部配置 2Φ14 的通长筋，梁的下部通长筋分两排配置，第一排配置 2Φ16，第二排配置 3Φ20，支座钢筋配置为 3Φ20。其中悬挑梁原位标注截面尺寸 200×400，箍筋为Φ8@100，梁的上部配置 3Φ20 的通长筋，梁的下部配置 2Φ12 的通长筋。

以上分别列举了一跨框架梁、多跨框架梁、普通次梁、悬挑梁、多跨框架梁一边带悬挑梁等几种常见梁的配筋，其余未说明框架梁，读者可据此一一参照。

附加箍筋或吊筋一般直接画在平面图的主梁上，用线引出总配筋值。本工程中多数附加吊筋相同，在前面平法说明中已作统一说明，如①号吊筋配置为 2Φ12，②号吊筋配置为 2Φ14。

图 6.5、图 6.7 分别为二层、三层平面结构布置及板配筋图。图 6.6、图 6.8 分别为二层、三层平面梁配筋图。平法识图规则参考面前一层平面图说明，在此就不作一一说明了。

【训练提高】

请利用鲁班或者其他钢筋计算软件，计算本项目实际工程案例的钢筋工程量。

【知识拓展】

进一步学习平法的其他相关图集，登录平法与钢筋算量网站以扩充知识技能

（1）根据所学内容，进一步学习、研究并探讨以下三个图集：

1）03G101—1：混凝土结构施工图平面整体表示方法制图规则和构造详图（现浇混凝土框架、剪力墙。

2）06G901—1：混凝土结构施工钢筋排布规则与构造详图（现浇混凝土框架、剪力墙、框架—剪力墙）。

3）09G901—2：混凝土结构施工钢筋排布规则与构造详图（现浇混凝土框架、剪力墙、框架—剪力墙、框支剪力墙）。

（2）进入以下专业网站，寻找平法施工图纸和有关钢筋计算的资料，以便进一步拓展学习。

1）co 土木在线：http：//www.co188.com/。

2）建工之家论坛：http：//www.jgzj.net/bbs/。

3）天圆地方建筑论坛：http：//www.tydf.cn/。

4）一间房造价吧：http：//www.yjf8.com/。

附　　录

附表 1　　　　　　　　　　　　　单 位 长 度 钢 筋 质 量

直径 （mm）	断面积 （cm²）	每米质量 （kg/m）	直径 （mm）	断面积 （cm²）	每米质量 （kg/m）
4	0.126	0.099	16	2.011	1.578
5	0.196	0.154	18	2.545	1.998
6	0.283	0.222	19	2.835	2.226
6.5	0.332	0.260	20	3.142	2.466
8	0.503	0.395	22	3.801	2.984
9	0.636	0.499	25	4.909	3.853
10	0.785	0.617	28	6.158	4.834
12	1.131	0.888	30	7.069	5.549
14	1.539	1.208	32	8.042	6.313

附表 2　　　　　　　　　　受力钢筋混凝土保护层最小厚度　　　　　　　　单位：mm

环境类别		墙、板、壳			梁			柱		
		≤C20	C25～C45	≥C50	≤C20	C25～C45	≥C50	≤C20	C25～C45	≥C50
一		20	15	15	30	25	25	30	30	30
二	a		20	20		30	30		30	30
	b		25	20		35	30		35	30
三			30	25		40	35		40	35

注　1. 基础纵向受力钢筋的混凝土保护层厚度不应小于 40mm；当无垫层时，不应小于 70mm。

　　2. 板、墙、壳中分布钢筋的保护层不应小于附表 2 中相应数值减 10mm，且不应小于 10mm；梁中箍筋和构造钢筋的保护层厚度不应小于 15mm。

　　3. 当梁、柱中纵向受力钢筋的混凝土保护层厚度大于 40mm 时，应对保护层采取有效的防裂构造措施。

　　4. 处于二、三类环境中的悬臂板，其上表面应采取有效的保护措施。环境类别划分见附表 7。

　　5. 对有防火要求的建筑物，其混凝土保护层厚度尚应符合国家现行有关标准的要求。

　　6. 处于四、五类环境的建筑物，其混凝土保护层厚度尚应符合国家现行有关标准的要求。

附表 3　　　　　　　　　　受拉钢筋最小锚固长度 L_a　　　　　　　　单位：mm

钢 筋 种 类		混 凝 土 强 度 等 级									
		C20		C25		C30		C35		≥C40	
		$d≤25$	$d>25$	$d≤25$	$d>25$	$d≤25$	$d>25$	$d≤25$	$d>25$	$d≤25$	$d>25$
HPB235	普通钢筋	$31d$	$31d$	$27d$	$27d$	$24d$	$24d$	$22d$	$22d$	$20d$	$20d$
HRB335	普通钢筋	$39d$	$42d$	$34d$	$37d$	$30d$	$33d$	$27d$	$30d$	$25d$	$27d$
	环氧树脂涂层钢筋	$48d$	$53d$	$42d$	$46d$	$37d$	$41d$	$34d$	$37d$	$31d$	$34d$
HRB400 RRB400	普通钢筋	$46d$	$51d$	$40d$	$44d$	$36d$	$39d$	$33d$	$36d$	$30d$	$33d$
	环氧树脂涂层钢筋	$58d$	$63d$	$50d$	$55d$	$45d$	$49d$	$41d$	$45d$	$37d$	$41d$

注　1. 表中 d 指钢筋直径。

　　2. 当弯锚时，有些部位的锚固长度不小于 $0.4L_{aE}+15d$，见各类构件的标准构造详图。

　　3. 当钢筋在混凝土施工中易受扰动（如滑模施工）时，其锚固长度应乘以修正系数 1.1。

　　4. 在任何情况下，锚固长度不得小于 250mm。

　　5. HPB235 钢筋为受拉时，其末端应做成 180°弯钩。弯钩平直段长度不应小于 $3d$。当为受压时，可不做弯钩。

附表 4　　　　　　　纵向受拉钢筋抗震锚固长度 L_{aE}

混凝土强度等级与抗震等级 钢筋种类与直径			C20		C25		C30		C35		≥C40	
			一、二级抗震等级	三级抗震等级	一、二级抗震等级	三级抗震等级	一、二级抗震等级	三级抗震等级	一、二级抗震等级	三级抗震等级	一、二级抗震等级	三级抗震等级
HPB235	普通钢筋	直径（mm）	$36d$	$33d$	$31d$	$28d$	$27d$	$25d$	$25d$	$23d$	$23d$	$21d$
HRB335	普通钢筋	$d \leqslant 25$	$44d$	$41d$	$38d$	$35d$	$34d$	$31d$	$31d$	$29d$	$29d$	$26d$
		$d > 25$	$49d$	$45d$	$42d$	$39d$	$38d$	$34d$	$34d$	$31d$	$32d$	$29d$
	环氧树脂涂层钢筋	$d \leqslant 25$	$55d$	$51d$	$48d$	$44d$	$43d$	$39d$	$39d$	$36d$	$36d$	$33d$
		$d > 25$	$61d$	$56d$	$53d$	$48d$	$47d$	$43d$	$43d$	$39d$	$39d$	$36d$
HRB400 RRB400	普通钢筋	$d \leqslant 25$	$53d$	$49d$	$46d$	$42d$	$41d$	$37d$	$37d$	$34d$	$34d$	$31d$
		$d > 25$	$58d$	$53d$	$51d$	$46d$	$45d$	$41d$	$41d$	$38d$	$38d$	$34d$
	环氧树脂涂层钢筋	$d \leqslant 25$	$66d$	$61d$	$57d$	$53d$	$51d$	$47d$	$47d$	$43d$	$43d$	$39d$
		$d > 25$	$73d$	$67d$	$63d$	$58d$	$56d$	$51d$	$51d$	$47d$	$47d$	$43d$

注　1. 四级抗震等级，$L_{aE} = L_a$，其值见附表 3。

　　2. 当弯锚时，有些部位的锚固长度为不小于 $0.4L_{aE} + 15d$，见各类构件的标准构造详图。

　　3. 当 HRB335、HRB400 和 RRB400 级纵向受拉钢筋末端采用机械锚固措施时，包括附加锚固端头在内的锚固长度可取附表 3 和附表 4 中锚固长度的 0.7 倍。机械锚固的形式及构造要求见有关详图。

　　4. 当钢筋在混凝土施工中易受扰动（如滑模施工）时，其锚固长度应乘以修正系数 1.1。

　　5. 在任何情况下，锚固长度不得小于 250mm。

附表 5　　　　　　纵向受拉钢筋绑扎搭接长度 L_{lE}、L_l

抗　震	非抗震
$L_{lE} = \xi L_{aE}$	$L_l = \xi L_a$

注　1. 当不同直径的钢筋搭接时，其 L_{lE} 与 L_l 值按较小的直径计算。

　　2. 在任何情况下，L_l 不得小于 300mm。

　　3. 式中 ξ 为搭接长度修正系数，见附表 6。

附表 6　　　　　　纵向受拉钢筋搭接长度修正系数 ζ

纵向受拉钢筋搭接接头面积百分率（%）	≤25	50	100
ξ	1.2	1.4	1.6

附表 7　　　　　　钢筋混凝土结构的环境类别

环境类别		条　件
一		室内正常环境
二	a	室内潮湿环境；非严寒和非寒冷地区的露天环境、与无侵蚀性的水或土壤直接接触的环境
	b	严寒和寒冷地区的露天环境、与无侵蚀性的水或土壤直接接触的环境
三		室内潮湿环境；严寒和寒冷地区的冬季水位变动的环境；冰海室外环境
四		海水环境
五		受人为或自然的侵蚀性物质影响的环境

注　1. 严寒地区：累年最冷月平均温度低于或等于 −10℃ 的地区。

　　2. 寒冷地区：累年最冷月平均温度高于 −10℃、低于或等于 0℃ 的地区。

本 书 课 件 目 录

1. 教学用 ppt 课件。
2. 训练与提高参考答案。
3. 完整实际工程示例 CAD 图纸。
4. 鲁班钢筋软件安装文件。
5. 3 小时学会鲁班钢筋算量模型及 CAD 图。
6. 3 小时学会鲁班钢筋算量软件视频多媒体课件。

本书课件资源请登录中国水利水电出版社网站免费下载，网址：http://www.water-pub. com. cn/softdown/.

参 考 文 献

［1］ 陈青来. 钢筋混凝土结构平法设计与施工规则. 北京：中国建筑工业出版社，2007.

［2］ 彭波. G101平法钢筋计算精讲. 北京：中国电力出版社，2008.

［3］ 李文渊，彭波. 平法钢筋识图算量基础教程. 北京：中国建筑工业出版社，2009.

［4］ 赵荣. G101平法钢筋识图与算量. 北京：中国建筑工业出版社，2010.